# EINLEITUNG

Im Ingenieurwesen sind viele Dinge sehr präzise definiert. Sogar die Nicht-Definiertheit wird beispielsweise durch Toleranzen und die Angabe von Unsicherheiten definiert. Wenn man etwas beschreibt, ist es jedoch anfangs leichter zu erklären, was etwas nicht ist, um daraus abzuleiten, was es ist. Daher möchte ich anfangs beschreiben, für wen dieses Buch ungeeignet ist.

Dieses Buch ist nicht für Studierende gedacht, die das Ingenieurstudium nur als leichten Weg zu einem sicheren oder gut bezahlten Job sehen. Es ist ebenfalls nicht für Studierende geeignet, die nicht bereit sind, ihre Komfortzone zu verlassen und etwas zu verändern. Es ist nicht für Studierende geeignet, denen es egal ist, wie gut sie ihr Studium abschließen und die einfach nur irgendwie durchkommen wollen. Es ist ebenfalls nicht für Studierende geeignet, die nicht bereit sind, Zeit und Mühen in ihr Studium zu investieren. Dieses Buch ist nicht für Studierende geeignet, die eine schnelle Abkürzung zu einem erfolgreichen Studienabschluss suchen.

Dieses Buch ist für Studierende geeignet, die ihr Studium erfolgreich abschließen wollen, um anschließend eine steile Karriere zu verfolgen und ihren Traumjob auszuüben. Dieses Buch ist für Studierende geeignet, die bereit sind die extra Meile zu gehen, um sich vom Standard abzuheben und herausragende Leistung zu erbringen.

Der Titel des Buches mag auf den ersten Blick etwas merkwürdig klingen, wenn man sich jedoch anschaut, was ein Algorithmus ist, wird der Zusammenhang klar. Ein Algorithmus ist eine eindeutige Handlungsvorschrift zur Lösung eines Problems oder einer Klasse von Problemen. Genau solche eindeutigen Handlungsvorschriften werden in den einzelnen Kapiteln dieses Buches beschrieben. Die Gliederung des Buches orientiert sich dabei jeweils an den einzelnen Problemen, die durch die Anwendung des jeweiligen Algorithmus gelöst werden.

Die Algorithmen, die in den einzelnen Kapiteln beschrieben werden, bauen teilweise chronologisch aufeinander auf, sind aber nur in ihrer Gesamtheit wirklich wirksam, um ein Studium ganzheitlich erfolgreich abzuschließen. Was der Begriff „Erfolgreich“ in diesem Zusammenhang bedeutet, ist sehr schwer allgemeingültig zu definieren. Jeder hat seine eigene Vorstellung, was ein erfolgreicher Abschluss ist. Grundsätzlich ist ein Studienabschluss jedoch dann erfolgreich, wenn er es einem ermöglicht, nach dem Studium die Karriere anzustreben, die man sich wünscht. Dazu werden in der Regel gute Noten, Zusatzqualifikationen und ein funktionierendes Netzwerk benötigt. Wie diese Dinge erreicht werden, wird in diesem Buch beschrieben.

Das Buch gliedert sich in sechs Kapitel. Anfangs werden allgemeingültige Grundlagen beschrieben, woraufhin auf konkrete Phasen im Studium eingegangen wird. Abschließend werden außeruniversitäre Aktivitäten beschrieben, die zu einem erfolgreichen Studienabschluss beitragen. Die Kapitel sind jeweils in drei Unterkapitel gegliedert. Im Theorieteil werden zuerst die Hintergründe des jeweiligen Kapitels beschrieben, woraufhin im angegliederten Praxiskapitel darauf eingegangen wird, wie die Theorie im praktischen Alltag des Studiums eingesetzt werden kann. Im abschließenden Umsetzungskapitel gibt es ganz konkrete Empfehlungen, die dir dabei helfen, das Gelesene direkt umzusetzen und für dich zu nutzen.

Da die Struktur des Studiums an den Hochschulen dieser Welt durchaus unterschiedlich ist, kann es sein, dass manche Inhalte nicht perfekt auf die Struktur deiner Universität passen. In diesem Fall vertraue ich darauf, dass du es schaffst, die Inhalte leicht zu modifizieren, sodass sie für dich passend sind.

Dieses Buch mag an einigen Stellen nicht ganz genderkonform geschrieben sein. Dafür entschuldige ich mich im Vorhinein. Es ist keineswegs meine Absicht, Frauen weniger anzusprechen als Männer.

# Erfolgreich studieren

# INGENIEURWESEN

## *Die 6 Algorithmen für ein erfolgreiches Ingenieurstudium*

*„Es gibt keine Geheimtipps oder Zauberlösungen, nur gute Planung und harte Arbeit. Genau daran erinnert einen dieses Buch."*

**- Pavel**

*„Als ich das Buch kaufte, habe ich nicht viel erwartet. Umso glücklicher bin ich mit dem Ergebnis. Ich habe eine Menge mitnehmen können und werde erstaunlich viel mit Euphorie aktiv umsetzen."*

**- Bella**

*„Für diejenigen, die am Anfang des Studiums stehen, ist dieses Buch eine Pflichtlektüre. Ich wünschte, man hätte es mir am Anfang des Studiums in die Hand gedrückt."*

**- Onur**

*„It was perfect because I was looking for information specifically on studying engineering in Germany. Thanks for all the help!"*

**- Grant**

**Impressum und Copyright**

Lennard W. Hermann

Veltmanplatz 17

52062 Aachen

Verlegt und gedruckt durch:

Amazon Media EU S. à r. l., Rue Plaetis, L-2338, Luxembourg

**Das Studium zu schätzen wissen**

Dir muss zu jedem Zeitpunkt des Studiums bewusst sein, dass studieren freiwillig ist. Niemand zwingt dich dazu. Gerade in schwierigen Zeiten, wenn das Stresslevel hoch und die Motivation auf einem Tiefpunkt ist, fällt es uns sehr schwer zu glauben, dass wir uns das wirklich aus freien Stücken antun. Aber so ist es. Mir hat es häufig geholfen, mich daran zu erinnern, dass ich freiwillig studiere. Wenn ich ein Motivationsloch hatte, habe ich mich daran erinnert und dadurch neue Motivation gefunden. Wenn man etwas freiwillig macht, dann will man es auch gut machen. Der Fachbegriff für diesen Sachverhalt ist intrinsische Motivation, die Motivation von innen heraus. Genau diese intrinsische Motivation ist ein unglaublich mächtiges Hilfsmittel, um schwierige Zeiten durchzustehen und das wundervolle Privileg des Studierens in vollem Maße zu nutzen.

Das Studium erfolgreich und mit sehr guten Noten abzuschließen ist heutzutage wichtiger denn je. Ich habe manchmal das Gefühl, dass wir uns in einer Art Abschlussinflation befinden. Das geht schon beim Abitur los und geht bis zum Master. Immer mehr Menschen machen mit immer besseren Noten einen Abschluss. Was ist denn heute schon ein Abitur mit einer Eins vor dem Komma? Klar ist das gut, aber keineswegs außergewöhnlich. Frag mal deine Eltern, wie viele Schüler in ihrem Abiturjahrgang ein Abi mit 1,3 oder besser gemacht haben. Bei meinen Eltern waren das nicht mehr als drei Leute, bei mir waren es schon mindestens 20. Ähnlich ist das auch im Studium. In der heutigen Zeit scheint es völlig normal zu sein, mindestens einen Bachelor zu haben. Auch für Berufe, die eigentlich überhaupt kein Studium erfordern, werden mittlerweile akademische Abschlüsse verlangt. Ich urteile keineswegs über diese Umstände, eigentlich sollte es uns alle freuen, wenn immer mehr Menschen möglichst viel Bildung erhalten. Es bringt uns nur in die unangenehme Lage, sich von der Masse abheben zu müssen. Ein einfacher Hochschulabschluss ist lange kein Erfolgsgarant mehr.

Durch ein erfolgreiches Studium kannst du dich von der Masse abheben und dir unglaublich viele Türen für die Zukunft öffnen. Ich finde, es ist eine schreckliche Vorstellung, nach dem Studium 30 Bewerbungen rauszuschicken und dann den Job nehmen zu müssen, bei dem man eben eine Zusage bekommen hat. Das kann es nicht sein! Ich möchte nach dem Studium mehrere Optionen haben, zwischen denen ich mich entscheiden kann. Ich möchte aktiv entscheiden, wo ich in Zukunft 40 Stunden die Woche verbringe und das nicht zugeteilt bekommen. Aber um diese Entscheidung treffen zu können, muss man gut sein. Man muss sogar sehr gut sein. Ein erfolgreiches Studium ermöglicht dir genau diese Entscheidung. Ich möchte, dass du den Spieß umdrehst und nicht du dich anbietest, sondern sich die Unternehmen dir anbieten. Das Prinzip von Angebot und Nachfrage funktioniert auch auf dem Arbeitsmarkt. Du darfst nur nie vergessen, dass du keine Arbeit nachfragst, sondern du das Angebot bist. Unternehmen fragen Arbeitskraft nach und Arbeitnehmer bieten ihre Arbeitskraft als Angebot an. Wenn man das einmal wirklich verstanden hat, ist es nur logisch, sein Angebot (Arbeitskraft) so zu gestalten, dass die Nachfrage (Unternehmen) besonders hoch ist und man dementsprechend aus mehreren Arbeitgebern und Arbeitskonditionen wählen kann.

Es geht jedoch nicht nur darum, nach dem Studium einen guten Job zu bekommen. Die Auswirkungen eines erfolgreich abgeschlossenen Studiums sind noch viel größer. Oft höre ich Studierende Sätze sagen wie: Ach, wenn du einmal einen Job hast, ist es eh egal, was du während des Studiums gemacht hast oder wie deine Noten waren. Das ist faktisch einfach falsch und häufig nur eine Ausrede, um weniger gute Studienleistungen zu legitimieren. Die Verbindung zwischen deinem Studium und den Jobs nach deiner ersten Arbeitsstelle mag zwar nicht mehr so direkt erkennbar sein, aber sie ist definitiv da. Ich denke, wir sind uns einig, wenn ich sage, dass Studienleistungen ein entscheidender Faktor sind, um nach dem Studium einen wirklich guten Job zu bekommen, was das auch immer für einen persönlich bedeuten mag. Genau dieser Job, den man sich durch seine Studienleistungen erarbeitet hat, ist ausschlaggebend für die folgende Karriere. Wenn du dich nach deiner ersten Stelle auf eine neue Stelle bewirbst, schauen die Personaler natürlich hauptsächlich auf deinen aktuellen Job und genau an diesem wirst du gemessen und eingeschätzt. Hattest du bereits eine Führungsposition, wirst du anschließend keine Stelle mit weniger Gehalt oder Verantwortung bekommen. Deine erste Stelle ist ein maßgeblicher Faktor dafür, wie dich Personaler einschätzen. Die Ergebnisse aus dem Studium sind also tatsächlich auch im späteren Berufsleben relevant, weil sie die erste Arbeitsstelle beeinflussen und diese die Marschrichtung für die folgende Karriere vorgibt.

Wenn man sein Studium überdurchschnittlich gut abschließen möchte, ist es extrem hilfreich, die Vielzahl an Angeboten zu nutzen, die einem von der Hochschule geboten werden. Erfolgreich Studieren heißt nicht nur gute Noten zu haben, sondern auch, über das von der Hochschule geforderte Engagement hinaus, Leistung zu zeigen. Nach dem platten Sprichwort, „über den Tellerrand hinausschauen", muss man aktiv nach Zusatzangeboten und Chancen suchen, die einem während des Studiums angeboten werden. Ich habe es schon sehr oft erlebt, dass sich Studierende mit dem guten Ruf einer Universität gerühmt haben und von Elite gesprochen haben, aber tatsächlich Nichts anderes erbracht haben, als das Minimum, das auf dem Lehrplan steht. Die Lehre sogenannter Eliteunis mag gut sein, aber der gute Ruf kommt noch woanders her. Er kommt genauso durch die Zusatzangebote und das Umfeld, welches die Hochschule den Studierenden bietet. Durch die Forschungsinstitute, an denen nahezu jeder Student mitarbeiten kann, durch unzählige Veranstaltungen, die Studierende mit Firmen zusammenbringen oder durch die riesen Menge an Vereinen, in denen man sich engagieren kann. Wer sein Studium erfolgreich abschließen will, muss mehr machen, als nur Lehrveranstaltungen der Hochschule besuchen und Klausuren schreiben.

An dieser Stelle möchte ich dir noch einen Rat geben, den ich während meines Studiums zu spät verstanden und umgesetzt habe. Lebe das Studentenleben und genieße es! Damit meine ich nicht das Studentenleben, von dem ältere Generationen gerne sprechen und auch nicht jeden Tag Nudeln mit roter Soße zu essen, sondern, dass man die Freiheiten des Studentenlebens und das Umfeld der Hochschule voll wahrnimmt. Besuch Poetry Slams (oder die eh viel cooleren Science Slams), geh ins Unikino, triff jede Menge neue Leute, sei offen, lerne eine neue Sprache, studiere in einem anderen Land, nutz die viele freie Zeit und versuch mal deine eigenen Ideen umzusetzen. Es gibt so viele Sachen, die man im Studium besonders gut machen kann. Tritt einem Verein bei, spiel Theater, werde richtig gut in einer Sportart, hilf internationalen Studierenden als Mentor, werde Erstitutor oder versuch dir überall Studentenrabatte zu erschnorren. Kaum eine Zeit im Leben ist so gut dafür geeignet sich persönlich weiterzuentwickeln, verrückte Sachen zu machen oder herauszufinden, worauf es einem im Leben wirklich ankommt, wie das Studium. Probiere mal einen neuen Rhythmus aus und steh um 12 auf und geh um 4 morgens ins Bett, ganz getreu nach dem Motto „Guten Tag meine Damen und Herren, guten Morgen liebe Studierende". Du hast in deinem Leben noch genug Zeit, um von 8 bis 17 Uhr zu arbeiten. Aber vielleicht ist dieser Rhythmus ja nichts für dich? Probiere es aus. Ich habe leider zu spät gelernt, das Studentenleben lieben zu lernen. Sei schlauer als ich und nutz die Freiheit und das Umfeld, das dir gegeben wurde.

# DER ALGORITHMUS FÜR GUTE ORGANISATION

Das Wort Organisation stammt aus dem Griechischen und leitet sich aus dem Wort Órgano ab, was so viel heiß wie Werkzeug. Es gibt zwar keine einheitliche Definition, aber „Werkzeug“ trifft es schon sehr gut. Organisation ist ein Werkzeug, um eine gewisse Aufgabe zu erledigen oder ein Ziel zu erreichen. Dieses Werkzeug kann die Erreichung des Ziels entweder fördern, wenn es eine gute Qualität hat, oder die Zielerreichung eher verhindern. Gute Organisation steht also sinnbildlich für einen passenden Schraubenzieher, der gut in der Hand liegt, wenig Druck benötigt und den Schraubenkopf nicht kaputtdreht. Schlechte Organisation ist dementsprechend wie ein schlechter Schraubenzieher, der immer wieder aus dem Schraubenkopf herausrutscht und schließlich die Schraube und die Haut in deiner Handinnenfläche unbrauchbar macht. Gute Organisation ist also immer dann nötig, wenn man etwas erfolgreich bewerkstelligen möchte.

Im Grundstudium Maschinenbau gab es an meiner Universität ein besonders gefürchtetes Fach, Thermodynamik. Die Klausur war extrem schwer und hatte demzufolge sehr hohe Durchfallquoten. Als Folge dessen hatte sich unter den Studierenden der Witz entwickelt, der erste Hauptsatz der Thermodynamik laute „Thermo schreibt jeder zweimal“. Wie du als angehender Ingenieur natürlich weißt, beschreibt der erste Hauptsatz der Thermodynamik die Energieerhaltung und kein fiktives Gesetz, das besagt, jeder müsse die Klausur Thermodynamik zweimal schreiben.

Irgendwann kam auch für meine Freunde und mich der Moment, die Klausur schreiben zu müssen. Zwei meiner Freunde merkten während der Klausur, dass sie die gestellten Aufgaben nicht ausreichend genug lösen konnten, um die Klausur zu bestehen. Um sich keinen Fehlversuch für die Klausur anrechnen zu lassen, haben die beiden den Hörsaal verlassen und sind zu einem Arzt gegangen, um sich ein Attest zu besorgen. Dieses Attest reichten die Beiden beim Zentralen Prüfungsamt ein und erwarteten weiterhin drei schriftliche Versuche zum Bestehen der Klausur offen zu haben. Leider wussten die Zwei nicht, dass sie den Arzt hätten von seiner Schweigepflicht entbinden müssen, damit dieser den Grund für ihre Unfähigkeit, weiter an der Klausur teilzunehmen, auf das Attest hätte schreiben können. Als Folge dessen hat das Zentrale Prüfungsamt das Attest nicht anerkannt und die Beiden haben einen Fehlversuch angerechnet bekommen und dadurch eine Chance weniger, die Klausur zu bestehen.

Das zweite Beispiel hat sich in meinem Master im Fach „Optische Messtechnik und Bildverarbeitung“ abgespielt. Im Verlauf des Semesters wurden wir mit etlichen Formeln bombardiert, die alle gebraucht wurden, um die Übungsaufgaben zu lösen. Glücklicherweise durften wir uns für die Klausur ein eigenes Formelblatt erstellen, damit wir so verrückte Dinge wie die Beeinflussung der Bragg-Wellenlänge nicht auswendig lernen mussten.

*Beeinflussung der Bragg-Wellenlänge:*

$$\frac{\Delta\lambda}{\lambda_0} = (1 - p_e) * \frac{\Delta L}{L_0} + [(1 - p_e) * \alpha_{Si_2O} * \Delta T + \xi * \Delta T$$

Während der Vorlesung wurde immer wieder erwähnt, welche Formeln man sich sinnvollerweise in seine Formelsammlung schreiben sollte. Auch im abschließenden Tutorium, welches auf die anstehende Klausur vorbereiten sollte, wurde erneut über die eigens anzufertigende Formelsammlung gesprochen. Am Tag der Klausur war es dann soweit. Alle versammelten sich im Hörsaal, der Geruch von Angst und Schweiß lag in der Luft und alle legten sich sorgfältige ihre Stifte, Verpflegung und Formelsammlung auf den Tisch. Bis auf eine Studentin. Als der Dozent fragte, ob es noch Fragen gebe, bevor er die Klausur austeile, meldete sich die Studentin und beichtete, dass sie keine Formelsammlung mithabe, weil sie nicht gewusst hat, dass wir eine eigens angefertigte Formelsammlung mit in die Klausur nehmen durften. Auf die Frage, ob sie die vom Institut erstellte Formelsammlung nutzen dürfe, wurde ihr mit einem klaren Nein geantwortet. Sie musste also ohne Formelsammlung auskommen und das nur, weil sie so schlecht organisiert war, dass sie weder in der Vorlesung noch im Tutorium mitbekommen hat, dass wir eine eigene Formelsammlung mitnehmen durften. Ich weiß nicht, ob oder wie gut sie die Klausur bestanden hat, aber eine herausragende Note ist dabei sicher nicht herausgekommen. Das ist ein klassisches Beispiel für schlechte Organisation, in dem sich diese in einem konkreten, quantifizierten Ergebnis, der Note der Klausur, widerspiegelt.

Die beiden Beispiele haben gezeigt, welche Konsequenzen schlechte Organisation haben kann. Ich gebe zu, die Beispiele sind recht plakativ und beim Lesen hast du dir sicher gedacht, so etwas würde dir nie passieren, aber das denkt wohl jeder von sich und trotzdem passieren solche groben Fehler immer wieder. Aber so, wie schlechte Organisation schwere Konsequenzen nach sich zieht, hilft gute Organisation dabei, sein Potenzial zu nutzen und Spitzenleistung abzuliefern. Daher geht es in diesem Kapitel nicht nur darum, wie du es schaffst, Termine oder Informationen nicht zu vergessen, sondern dir ein persönliches Organisationssystem zuzulegen, um dein Leistungsniveau auf ein höheres Level zu heben. Es geht darum, die Gefahren schlechter Organisation zu vermeiden und die Potenziale guter Organisation zu nutzen.

Im nachfolgenden Theorieteil wird auf die Grundlagen guter Organisation eingegangen und die Kernelemente des Organisationssystems erklärt. Im Praxisteil werden die Kernelemente aufgegriffen und ihre tatsächliche Anwendung im Alltag von Studierenden der Ingenieurwissenschaften beschrieben. Abschließend wird ein Schritt für Schritt Vorgehen vorgestellt, anhand dessen du dir dein persönliches Organisationssystem aufbauen kannst.

## Theorie

Es hat einen bestimmten Grund, warum ich dieses Kapitel als erstes inhaltliches Kapitel für dieses Buch gewählt habe. Der Algorithmus für gute Organisation ist die Basis für alle weiteren Algorithmen. Dieses Kapitel bildet also das Fundament, auf dem alle folgenden Kapitel aufbauen. Effiziente Arbeitsweisen oder Vorgehen für Vorlesungsphasen und Klausuren sind nur stark limitiert hilfreich, um dein Studium erfolgreich abzuschließen, wenn sie nicht in ein gut funktionierendes, ganzheitliches Organisationssystem eingebunden werden. Das Wort Organisationssystem mag auf den ersten Blick etwas abschreckend wirken. Es geht hier aber nicht um ein kompliziertes Programm, welches du strikt befolgen musst oder eine Software. Es geht um dein grundsätzliches Verhalten, wie du mit Terminen, To-dos und Deadlines umgehst. Genau dieses Verhalten ist die Basis für ein erfolgreiches Studium und die Grundlage der folgenden Kapitel in diesem Buch. Der Algorithmus für gute Organisation ist sozusagen der Mutteralgorithmus für alle anderen Erfolgsalgorithmen. Dabei ist das Organisationssystem nicht speziell auf Ingenieure zugeschnitten, sondern kann im Prinzip von jedem genutzt werden. Meine Erfahrung hat jedoch gezeigt, dass Ingenieure grundsätzlich gerne in Systemen denken und strukturierte Vorgehen mögen. Deshalb bin ich davon überzeugt, dass die Quote derer, die sich wirklich ein Organisationssystem zulegen und dieses aktiv nutzen unter Ingenieuren deutlich höher ist, als unter Studierenden von Fachbereichen, in denen Kreativität und ein gewisses Maß an Chaos mehr im Vordergrund stehen. Ingenieure bevorzugen dagegen in der Regel Struktur und definierte Vorgehensweisen. Um dieses Verlangen zu befriedigen, ist es als Ingenieur extrem wichtig, sich ein individuelles Organisationssystem zuzulegen.

Das im Folgenden beschriebene Organisationssystem ist deshalb individuell gestaltbar, weil du es an deine eigenen Vorlieben anpassen kannst. Es gibt eine feste Grundstruktur, um zu gewährleisten, dass das System seinen Zweck auf effiziente und effektive Weise erfüllt. Wie genau du es anwendest, ist dabei dir überlassen. Es ist wichtig eine persönliche Auslegung zuzulassen, damit dass System auch für jeden funktioniert und auf persönliche Bedürfnisse und Umstände angepasst werden kann.

Zweck des Organisationssystems ist es, dich bei der Erreichung deiner Ziele zu unterstützen sowie effizientes und effektives Arbeiten zu ermöglichen. Was genau effizientes und effektives Arbeiten ist, wird im nächsten Kapitel näher erläutert. Für dich dient das Organisationssystem daher dazu, dein Studium erfolgreich abzuschließen und das, ohne dich dafür 364 Tage im Jahr täglich 10 Stunden in der Bibliothek einschließen zu müssen. Es legt die Abarbeitung von Terminen und Aufgaben fest, erinnert dich zuverlässig und rechtzeitig an all das, was noch zu erledigen ist und fördert gleichzeitig die Erledigung von Aufgaben, sodass du am Ende des Tages in der gleichen Zeit mehr geschafft bekommst. Doch das sind nicht die einzigen Vorteile. Durch das Organisationssystem schaffst du freie Kapazität in deinem Gehirn. Unser Gehirn ist extrem schlecht darin, sich Termine oder To-do-Listen zu merken und deshalb sollte es das auch nicht tun. Computer können das viel besser. Geben wir solche Aufgaben ab, können wir unser faszinierendes Gehirn mehr dazu benutzen, über wichtige Dinge nachzudenken oder uns kreative Lösungen für Probleme einfallen zu lassen.

Wer kennt es nicht, man steht im Supermarkt und möchte einkaufen, hat sich vorher Gedanken gemacht, was man alles besorgen möchte, verlässt den Supermarkt aber trotzdem nur mit der Hälfte des geplanten Einkaufs. Oder man läuft von einer Vorlesung zur nächsten und versucht sich krampfhaft daran zu erinnern, was man heute noch alles machen muss und wann noch mal dieser verdammte Zahnarzttermin war. Dabei vergessen wir nicht nur meistens die Hälfte, sondern blockieren auch unser Gehirn mit Aufgaben, für die es nicht gemacht ist. Genau deshalb brauchen wir ein Organisationssystem, dass uns zuverlässig und rechtzeitig an alles erinnert und dafür sorgt, dass Nichts unter den Tisch fällt. Wir müssen beispielsweise nicht mehr darüber nachdenken, wann der Zahnarzt Termin ist, weil wir wissen, dass unser Organisationssystem uns rechtzeitig daran erinnert. Wir müssen uns auch keine Gedanken darüber machen, was wir heute noch alles erledigen müssen, weil es in unserem System festgehalten ist. Wir können uns also mit voller Gehirnkapazität auf die Vorlesung konzentrieren und schauen anschließend nach, was als Nächstes erledigt werden muss. Das nervige Merken all der Termine und Aufgaben sourcen wir an unser Organisationssystem aus, damit wir uns auf die Dinge konzentrieren können, die wirklich dazu führen, unser Studium erfolgreich abzuschließen. Das Merken von Zahnarztterminen oder To-do-Listen gehört nämlich sicherlich nicht dazu.

Wenn du jetzt glaubst, dass du so etwas nicht brauchst, weil du dir einfach jeden Morgen eine To-do-Liste erstellst, muss ich dich leider enttäuschen. Genau das Gleiche habe ich auch eine lange Zeit gemacht, aber irgendwann gemerkt, dass eine einfache Liste nicht ausreicht. Einzelne To-do-Listen führen dazu, dass man von Aufgabe von Aufgabe rennt, ohne das große Ganze im Blick zu haben. Das Abhaken von Aufgaben ist jedes Mal ein kleines Erfolgserlebnis und das ist schön, aber häufig führt es dazu, dass man das eigentliche Ziel aus den Augen verliert. Der Vorteil einer To-do-Liste ist, dass sie bestechend unkompliziert und schnell ist. Leider reicht sie einfach nicht aus, vor allem dann nicht, wenn man mit der Schule fertig ist und anfangen muss, sein komplettes Leben selber zu organisieren. Es ist jedoch wichtig, dass die Vorteile von To-do-Listen durch ein Organisationssystem nicht verloren gehen. Das System darf nicht zu kompliziert sein und es darf auf keinen Fall auch nur annähernd so viel Zeit in Anspruch nehmen, wie es einem verschafft. Es muss einfach und schnell zu bedienen sein sowie flexibel genutzt werden können. In den folgenden Absätzen wird das Organisationssystem Schritt für Schritt erklärt. Du musst nicht direkt alles Beschriebene umsetzen. Ließ dir erst das Theorie-Kapitel durch, damit du das System vollständig kennst, und starte im Kapitel Umsetzung damit, dein eigenes System aufzubauen. Es ist jedoch wichtig, dass du im Hinterkopf behältst, dass es hier um das erste umsetzbare Element dieses Buches geht, dass du nicht vernachlässigen solltest.

Bevor ich genauer auf die Bestandteile des Organisationssystems eingehe, muss ich zugeben, dass ich mir das System nicht komplett selber ausgedacht habe. Es hat sich zwar über den Verlauf meines Studiums entwickelt und wurde ständig verbessert, besteht jedoch zu einem Teil aus Elementen der

Systeme die Steven Covey in „7 Habits of Highly Effective People" und David Allen in „Getting Things Done" beschreiben. Ich habe die Teile aus den Büchern übernommen, die am besten funktioniert haben, meine eigenen Teile hinzugefügt und die einzelnen Elemente dann zu einem durchgängigen System kombiniert.

Das Organisationssystem besteht aus drei Grundelementen. Einem digitalen Kalender, der alle Termine und Aufgaben beinhaltet, die fest datiert sind, einer Liste, die alle Aufgaben und potenziellen Aufgaben beinhaltet und einem Wochenplan, der einen konkreten Fahrplan für die aktuelle Woche darstellt. Diese drei Elemente stehen jedoch nicht für sich alleine, sondern werden miteinander kombiniert. Erst aus der Kombination ergibt sich ein intelligentes System, das sicherstellt, dass du deinen Alltag gut organisiert hast, stressfrei bewältigen kannst und am Ende der Woche stolz auf das Getane zurückblickst.

*1. Element: Der Kalender*

Der Kalender scheint auf den ersten Blick selbsterklärend, trotzdem gibt es einige Dinge, die zu beachten sind. Es ist wichtig, dass der Kalender nur mit Terminen und Aufgaben befüllt wird, die fest terminiert sind. Er stellt keine To-do-Liste dar, wo Aufgaben einfach mal an einem Tag in der Zukunft eingetragen werden, in der Hoffnung, man habe dann Zeit, sich darum zu kümmern. Nur wenn du einem Termin oder einer Aufgabe einen festen Zeitpunkt zuordnen kannst, haben sich diese einen Platz im Kalender verdient. Einträge in deinem Kalender befinden sich nicht mehr in der Konzeptionsphase, sie sind fertig geplant und stehen in der Schlange zur Umsetzung.

Ein viel diskutierter Punkt ist die Wahl der Kalenderform. Ist es sinnvoller einen Kalender in Buchform oder einen digitalen Kalender zu nutzen? Natürlich ist es schöner, einen liebevoll gestalteten Kalender mit einem ansprechenden Einband zu benutzen, in den man händisch Termine eintragen kann und sogar Skizzen machen kann. Trotzdem empfehle ich ganz klar einen digitalen Kalender auf deinem Handy. Das Hauptargument dafür ist die dauerhafte Verfügbarkeit. Es gibt keinen Gegenstand, den wir so häufig und zuverlässig bei uns tragen wie unser Handy. Mit einem digitalen Kalender auf dem Handy kannst du immer und überall extrem schnell Einträge vornehmen, was mit einem gebundenen Kalender einfach nicht geht. Es kommt sehr häufig vor, dass sich Termine spontan ergeben und zwar in Situationen, in denen man einen gebundenen Kalender nicht immer dabeihat. In diesem Moment kann man weder prüfen, wann man Zeit hat, noch kann man den Termin direkt eintragen. Jetzt lässt sich recht einfach behaupten, man trage den Termin später in den gebundenen Kalender nach. Das passiert aber in der der Regel zu selten. Die Gefahr, dass wir vergessen, den Eintrag zu einem späteren Zeitpunkt nachzutragen, ist einfach zu hoch. Zusätzlich passiert dadurch genau das, was wir durch unser Organisationssystem vermeiden wollen, wir müssen uns Termine merken. Ein weiterer Vorteil des digitalen Kalenders ist die Erinnerungsfunktion. Es ist sinnvoll, die Erinnerungsfunktion so einzustellen, dass man den Termin noch rechtzeitig wahrnehmen kann, auch wenn man ihn komplett vergessen hatte. Ein gebundener Kalender wird kaum anfangen zu vibrieren oder zu klingeln, nur weil du in einer Stunde einen Termin beim Steuerberater hast. So schön ein gebundener Kalender mit echtem Papier auch ist, überwiegen die Vorteile eines digitalen Kalenders doch drastisch, sodass nur diese Form sich für die Anwendung innerhalb eines Organisationssystems anbietet.

Ich persönlich nutze den Google-Kalender, weil er auf meinem Android-Handy direkt verfügbar ist und die Synchronisierung mit der Browseranwendung am PC super funktioniert. Jeder andere Kalender, der mit deinem Handy bedient werden kann, funktioniert jedoch auch. Bei mir liegt das aktuelle Monatsblatt auf einer der Startseiten meines Handys, sodass ich meine Termine schnell einsehen kann und nur auf den entsprechenden Tag drücken muss, um einen neuen Kalendereintrag zu erstellen.

Es ist wichtig, dass du hereinfliegende Termine sofort in deinem Kalender speicherst. Dein Friseurtermin, das Treffen mit deiner Lerngruppe oder die Mathe-Klausur. Sobald du von einem Termin erfährst, musst du ihn direkt in deinen Kalender übertragen. Tritt nicht in die Falle und versprich dir selbst, den Termin später einzutragen. Dadurch läufst du einerseits Gefahr den

Termin zu vergessen, andererseits verliert dein Organisationssystem dadurch einen großen Teil seiner Bedeutung. Du musst den Termin dann nämlich doch im Hinterkopf behalten und immer wieder daran denken, dass du ihn noch übertragen wolltest. Genau das wollen wir mit dem Organisationssystem vermeiden. Wenn du den Termin direkt und richtig einträgst, muss dein Kopf sich nicht mehr damit beschäftigen, bis die Zeit gekommen ist, um in Aktion zu treten. Wann genau dieser Zeitpunkt ist, legst du beim Eintragen des Termins und Einstellen der Erinnerungsfunktion fest. Sobald du den Termin einmal richtig eingetragen hast, muss sich dein Gehirn nicht mehr damit beschäftigen, weil du dich darauf verlassen kannst, dass dein Organisationssystem dich rechtzeitig erinnern wird.

Du kannst dich aber nur dann auf dein Organisationssystem, bzw. auf deinen Kalender verlassen, wenn du dieses auch gewissenhaft pflegst. Dazu gehört einerseits deine Termine immer direkt einzutragen, andererseits aber auch, diese richtig einzutragen. Richtig eintragen bedeutet, dass du deinen Terminen eine verständliche Bezeichnung gibst, die du auch in sechs Monaten noch verstehst und einen Zeitpunkt einträgst, an dem du an den Termin erinnert werden sollst. Zum Thema „richtig eintragen" möchte ich noch mal betonen, dass du keine Aufgaben in deinen Kalender einträgst, die keinen fest definierten Zeitpunkt haben. Aufgaben, die du noch erledigen wolltest, die sozusagen auf deiner To-do-Liste stehen, gehören nicht in deinen Kalender. Diese Aufgaben werden erst in den Kalender übertragen, sobald du ihnen ein festes Datum und einen festen Zeitpunkt zuordnest. Dadurch werden Aufgaben zu Terminen. Aufgaben müssen aber nicht zwangsläufig zu Terminen werden oder in deinen Kalender übertragen werden, um sie abzuarbeiten.

*2. Element: Die Aufgabenliste*

Das zweite Element des Organisationssystems ist die Aufgabenliste oder auch To-do-Liste genannt. Auf diese Liste kommen alle Dinge, die du noch erledigen musst oder möchtest, denen aber noch kein konkreter Zeitpunkt zugeordnet ist. Dabei handelt es sich nicht um alltägliche Dinge wie Einkaufen oder Putzen, sondern um einmalige Aufgaben, die du dir vorgenommen hast. Es kommt auch nicht darauf an, ob du schon weißt, wann du die einzelnen Aufgaben bewältigen willst. Die Aufgabenliste ist ein Sammelbecken für all die Dinge, die dir im Kopf herumgeistern. Auf meiner Liste stehen aktuell beispielsweise die Punkte

- Anzug in die Reinigung bringen
- Um Reiseimpfungen kümmern
- Buch aus der Bibliothek holen
- Stromanbieter wechseln

Wie du siehst, sind es ganz banale Dinge. Trotzdem ist es wichtig, diese aufzuschreiben, damit du nicht immer wieder nachdenken musst, was du noch alles erledigen willst. Du weißt genau, dass all die zu erledigenden Dinge auf deiner Liste stehen und du sie in Angriff nimmst, sobald die Zeit dafür gekommen ist. Wann diese Zeit gekommen ist, bzw. wie es funktioniert, dass du deine Liste regelmäßig prüfst, wird mit der Erklärung des dritten Elements und dem Zusammenspiel der Elemente deutlich.

Sowie beim Kalender zuvor, ist es auch bei der Aufgabenliste wichtig, sie digital auf deinem Handy zu führen. Die Argumente bleiben die Gleichen. Sobald dir eine Aufgabe einfällt, muss diese sofort in die Aufgabenliste übertragen werden. Sinnbildlich schiebst du sie aus deinem Kopf auf die Liste. Damit stellst du sicher, dass dein Kopf sich nicht weiter damit beschäftigen muss und dass du die Aufgabe erledigen wirst. Ich persönlich nutze die App Task, weil sie unkompliziert und schnell ist, aber jede andere App zum Erstellen von Listen tut es auch. In Task kann man zusätzlich noch Kategorien für die einzelnen Aufgaben festlegen, was ich aber noch nie benötigt habe. Du kannst dir die Aufgabenliste als eine Art Bücherregal vorstellen, dass mit unterschiedlichen Büchern bestückt ist, die du nach und nach liest. Welches Buch wann gelesen wird, entscheidest du später. Das Wichtigste ist vorerst, dass du alle Aufgaben in deine Liste schreibst, die du erledigen möchtest.

### *3. Element: Der Wochenplan*

Das letzte Element des Organisationssystems ist der Wochenplan. Der Wochenplan hat die Einträge deines Kalenders und deiner Aufgabenliste als Input und plant deren konkrete Umsetzung. Er dient dir als Wegweiser für deine Woche und beinhaltet alles, was in der Woche bei dir ansteht. Der Wochenplan wird einmal wöchentlich erstellt und kann im Verlauf der Woche angepasst werden. Ich blocke mir beispielsweise jeden Sonntag 15 Minuten, um meinen Wochenplan zu erstellen und die kommende Woche dadurch zu planen. Im Prinzip ist der Wochenplan nichts weiter als eine Tabelle mit 7 Spalten, eine für jeden Wochentag, und einer beliebigen Anzahl an Zeilen für die entsprechenden Termine und Aufgaben. Ich persönlich benutze eine einfache Excel-Tabelle, die ich am PC befülle und anschließend drucke. Der Wochenplan erinnert mich immer ein bisschen an einen Stundenplan aus der Schule, funktioniert zum Glück aber ganz anders. Du musst deinen Wochenplan nicht zwangsläufig sonntags erstellen, aber es ist wichtig, dass du einen Zeitpunkt festlegst. Der Sonntag bietet sich dazu besonders an, weil er den Übergang der einen Woche in die andere Woche darstellt. Die vergangene Woche ist fast abgeschlossen und die neue Woche steht kurz bevor. Weiter ist der Sonntag bei den meisten Menschen und auch bei den meisten Studierenden der stressfreiste Tag, sodass die höchste Wahrscheinlichkeit besteht, ein paar ruhige Minuten zu finden.

Der wirkliche Nutzen des Wochenplans und auch der anderen beiden Elemente wird allerdings erst richtig klar, wenn die Elemente zusammenarbeiten. Daher wird im Folgenden erklärt, wie die drei Elemente gemeinsam zu nutzen sind.

### *Das Zusammenspiel*

Wir gehen jetzt davon aus, dass du deinen Kalender gepflegt und alle Termine eingetragen hast und auch deine Aufgabenliste alle Aufgaben enthält, die du erledigen willst oder irgendwann mal anpacken möchtest. Es ist Sonntagabend, die Woche ist vorbei und du setzt dich, wie jede Woche, in Ruhe hin, um die folgende Woche zu planen.

Dazu öffnest du deinen Wochenplan und löschst die alten Einträge von dieser Woche. Als Erstes öffnest du den Kalender und überträgst alle festen Termine der kommenden Woche in deinen Wochenplan. In deinem Wochenplan stehen jedoch keine Zeiten, du überträgst einfach die Titel der Termine in die Zeilen des Wochenplans, in den Spalten der entsprechenden Tage. Die Zeiten sind für deinen Wochenplan irrelevant, da er keinen Stundenplan darstellt, der chronologisch von oben nach unten abgearbeitet wird, sondern eher eine Art Fahrplan ist, der zeigt, welche Stationen angefahren werden, aber keine genauen Zeiten angibt.

Nach den festen Terminen aus deinem Kalender trägst du alle Standardtermine ein. Damit sind Dinge gemeint, die nicht in deinem Kalender stehen, aber trotzdem regelmäßig von dir getan werden. Klassischerweise sind es Erledigungen, wie Einkaufen und Putzen oder auch Arbeiten, wenn du einen Job mit regelmäßigen Arbeitszeiten hast, die du dir deshalb gar nicht in den Kalender einträgst. In meinem Fall trage ich an dieser Stelle auch ein, wann ich Sport mache, da Sport für mich ebenfalls wie ein Regeltermin ist, der aber nicht immer an den gleichen Tagen stattfindet und daher nicht in meinem Kalender steht.

Sind alle Termine aus dem Kalender und alle Standardtermine in den Wochenplan übertragen, geht es mit der Aufgabenliste weiter. Du öffnest deine Aufgabenliste und gehst jeden Eintrag einzeln durch, um zu überlegen, ob er diese Woche erledigt werden soll und wenn ja, wann. Da der Wochenplan wöchentlich erstellt wird, kommt es dazu, dass du deine Aufgabenliste automatisch jede Woche einmal durchgehst. So behältst du einen guten Überblick, sowohl über kurzfristige Aufgaben, als auch über die Aufgaben, die du schon länger in der Planung hast. Beim Durchgehen deiner Aufgabenliste musst du also für jeden Eintrag entscheiden, ob du ihn diese Woche erledigen möchtest oder nicht. Dazu ist es wichtig, deinen Wochenplan vor dir liegen zu haben, damit du sehen kannst, an welchen Tagen du noch wie viel Zeit hast, um Aufgaben von deiner Liste abzuarbeiten. So kommt es dazu, dass auch Aufgaben, die nicht dringend sind, du dir aber schon lange vorgenommen hast, erledigt werden, sobald du eine passende Lücke in deinem Wochenplan siehst. Das wöchentliche Durchgehen deiner Aufgabenliste und Übertragen von Aufgaben in den Wochenplan fördert so die Erledigung von Aufgaben. Weiterhin sorgt es dafür, dass du mehr geschafft bekommst, weil du freie Zeitblöcke in deiner Woche sinnvoll nutzt. Dieses Vorgehen hilft auch gegen das ständige Aufschieben von Dingen, da bei ehrgeizigen Menschen, zu denen du mit Sicherheit gehörst, wenn du dir dieses Buch gekauft hast, automatisch das Verlangen entsteht, die Aufgabenliste so kurz wie möglich zu halten. Zusätzlich ist es ein ziemlich mieses Gefühl, einen Eintrag auf der Liste über mehrere Monate jede Woche zu sehen und immer wieder aufzuschieben.

Jetzt sind alle festen Termine, Standardtermine und Aufgaben in deinem Wochenplan und es fehlt nur noch ein letzter Schritt. Den Wochenplan zu drucken, ihn irgendwo gut sichtbar hinzulegen und dich von ihm durch die Woche leiten zu lassen. Wenn du einen Eintrag erledigt hast, streichst du ihn durch. Schaffst du es mal nicht, einen Eintrag zu erledigen, kannst du ihn entweder auf einen anderen Tag verschieben oder markieren, sodass er Input für deinen nächsten Wochenplan ist. Wichtig ist jedoch, dass du Aufgaben aus deiner Aufgabenliste nicht löschst, sobald du sie in deinen Wochenplan übertragen hast, sondern erst, wenn sie wirklich erledigt sind. Es kann immer mal passieren, dass dir was dazwischenkommt und du eine Aufgabe nicht erledigst, obwohl sie in deinem Wochenplan steht. Um die Gefahr zu vermeiden, dass diese Aufgabe anschließend in Vergessenheit gerät, ist es wichtig, nur Aufgaben aus deiner Aufgabenliste zu entfernen die zu hundert Prozent erledigt sind.

Nachdem das Organisationssystem erklärt ist, kann der Eindruck entstehen, dass gute Organisation nur der richtige Umgang mit Terminen und Aufgaben ist, das stimmt allerdings nicht ganz. Gute Organisation bedeutet ebenfalls zur richtigen Zeit die richtigen Informationen zu besitzen. Ich hatte zu Beginn des Kapitels zwei Beispiele für schlechte Organisation gegeben, die auch mit Hilfe des Organisationssystems nicht anders verlaufen wären. Zum

„organisiert sein“ gehört also mehr, als die Nutzung eines Organisationssystems.

Frei nach dem Motto „Wissen ist Macht“, ist es eine Grundvoraussetzung, alle Unterlagen zu haben, Fristen zu kennen, über seine Rechte Bescheid zu wissen und die Regeln zu verstehen, wenn man sein Studium erfolgreich abschließen will. Anders als für den Umgang mit Terminen und Aufgaben, gibt es hierzu kein methodisches Vorgehen, das ich dir an die Hand geben kann. Diesen letzten Feinschliff musst du selber in die Hand nehmen. Ich kann dich nur dafür sensibilisieren, wie wichtig es ist, immer alle Informationen zu besitzen. Beispielsweise würde ich immer zu der ersten Vorlesung eines neuen Faches gehen, auch wenn ich wüsste, dass ich die Vorlesung im Verlauf des Semesters nicht weiter besuche, weil ich den Stoff zu Hause besser verstehe. Grund dafür sind die organisatorischen Dinge, die häufig in der ersten Veranstaltung eines Faches besprochen werden, die man nicht verpassen sollte.

Achte also darauf, dir alle vorhandenen Informationen zu besorgen. Sobald dir eine Information fehlt, bist du automatisch im Nachteil. Konntest du eine Veranstaltung nicht besuchen, in der vielleicht etwas Wichtiges gesagt wurde, frag deine Kommilitonen. Nutzt deine Uni ein Online-Portal, in dem zu jedem Fach die nötigen Unterlagen hochgeladen werden, schau regelmäßig dort rein, damit du nichts übersiehst. Ich könnte noch viele weitere Beispiele aufzeigen, denke aber, dass du verstanden hast, was ich sagen möchte.

Zum Abschluss des Theorieteils möchte ich noch ein großes Missverständnis aus dem Weg räumen, das mir immer und immer wieder begegnet. Gut organisiert zu sein und strukturiert vorzugehen, bedeutet kein Verlust von Freiheit, sondern einen Gewinn. Ich wiederhole:

***Gute Organisation und Struktur reduzieren nicht deine Freiheit, sondern erhöhen sie.***

Das liegt daran, dass durch gute Organisation nur in den seltensten Fällen etwas „dringend“ wird, weil du wichtige Dinge schon erledigt hast, bevor sie überhaupt dringend werden. Der größte Freiheitsdieb sind dringende Termine oder Aufgaben, weil diese eine sofortige Erledigung erfordern, egal ob es gerade 30 Grad sind und alle anderen am See liegen. Durch gute Organisation verhinderst du, dass etwas dringend wird und verschaffst dir so die Freiheit, auch am See zu liegen, weil du die wichtigen Dinge entweder schon erledigt hast oder so gut organisiert bist, dass du sie verschieben kannst. Gute Organisation verschafft dir also die Freiheit, das zu tun, was du tun willst und nicht wie ein Getriebener von Termin zu Termin oder Aufgabe zu Aufgabe rennen zu müssen.

# Praxis

Im Praxisteil wird konkret beschrieben, wie ich die Dinge aus der Theorie umgesetzt habe, um dir direkte Beispiele aus der Realität an die Hand zu geben. Dazu werde ich kurz darauf eingehen, wie mein Organisationssystem entstanden ist und welche Programme ich in welchem Rhythmus nutze.

Die Entstehung des Organisationssystems war kein kurzfristiges Event, sondern ein Prozess und genauso wird es auch bei dir sein, wenn du dein persönliches System entwickelst oder meins anpasst. Zuerst habe ich angefangen einen Kalender zu nutzen, weil ich mir meine Termine irgendwann nicht mehr ohne merken konnte. Dann habe ich das Buch *7 habits of highly effective people* von Steven Covey gelesen, in dem empfohlen wird, wöchentlich zu Planen und sich auf einen Tag in der Woche festzulegen, an dem die folgende Woche geplant wird. Daraus entstand der Wochenplan. Der von Steven Covey vorgeschlagene Wochenplan ist etwas detaillierter als meiner, ich bevorzuge jedoch die freiere Variante, in der keine festen Zeiten für die einzelnen Einträge festgelegt werden. Ein paar Monate später ist mir das berühmte Buch *Getting Things Done* von David Allen in die Hände gefallen. Aus diesem Buch kommt die entscheidende Idee, sich ein komplettes Organisationssystem zu entwerfen, auf das man sich zu 100 % verlassen kann, um sich keine Termine oder Aufgaben mehr merken zu müssen, sondern den Kopf für die wichtigen Dinge frei zu haben. Nachdem ich das Buch gelesen hatte, fing ich an, die Aufgabenliste zu nutzen und aus den drei Elementen Kalender, Wochenplan und Aufgabenliste ein ganzes Organisationssystem zu entwerfen.

Für den Kalender nutze ich den klassischen Google-Kalender auf meinem Android Smartphone. Dieser hat für mich den Vorteil, dass er sich auch am Laptop im Browser öffnen lässt und viele Termine, die mit meiner Google-E-Mail-adresse gebucht werden, direkt übernimmt. Ich habe das Monatsblatt des Kalenders auf einer eigenen Seite direkt neben der Home-Seite auf meinem Smartphone. So kann ich schnell Termine eintragen und habe immer einen guten Überblick über den gesamten Monat. In der Regel trage ich nur Termine in meinen Kalender ein und arbeite eher weniger mit Erinnerungen, da eine Erinnerung, wenn man an diese erinnert wird, prinzipiell eine direkte Aktion erfordert, die wiederum Zeit kostet. Wenn eine Erinnerung zu einem fest definierten Zeitpunkt eine Aktion erfordert, die wiederum einen gewissen zeitlichen Rahmen beansprucht, ist es dann nicht wieder ein Termin? Meine Arbeitszeiten, die sich in der Regel von Montag bis Freitag nicht ändern, trage ich nicht in den Kalender ein, um die Übersichtlichkeit aufrecht zu erhalten. Ich betrachte lediglich während der Planung der folgenden Woche neben meinem privaten Kalender auch meinen Arbeitskalender, um besondere Ereignisse, die über die Standardarbeitszeiten hinausgehen zu berücksichtigen.

Wenn du dich noch am Anfang deines Studiums befindest, hast du wahrscheinlich noch das Gefühl, keinen Kalender zu brauchen. So ging es mir auch. Trotzdem empfehle ich dir dringend, dir bereits jetzt einen Kalender zuzulegen. So kannst du dich bereits frühzeitig daran gewöhnen und läufst nicht Gefahr, den richtigen Zeitpunkt zu verpassen.

Für die Aufgabenliste benutze ich die App Task, die kostenlos im Android Play Store erhältlich ist. Die App ist kein Hexenwerk, aber sie erfüllt ihren Zweck und sogar mehr als das. Wie gesagt, kannst du aber jede beliebige Listen-App benutzen. Bei Task hast du zusätzlich die Möglichkeit, deine Aufgaben Kategorien zuzuordnen und sie farbig zu markieren. Ich persönlich nutze beides nicht, sondern trage meine Aufgaben ganz simpel ohne Kategorie und Farbe ein, sodass sie aufgereiht untereinander in der Liste stehen. Wichtig ist nur, deinen Aufgaben eindeutige Titel zu geben, sodass du sofort weißt, was gemeint ist, wenn du den Titel liest. Ein Listeneintrag, der einfach nur „Peter" heißt, ist relativ unspezifisch und kann später zu Verwirrung führen. Die Listen-App habe ich ebenfalls auf einer Seite neben meiner Home-Seite in meinem Smartphone, um sie schnell öffnen zu können und immer dabei zu haben. Weil es enorm wichtig ist, erinnere ich an dieser Stelle noch mal daran, Aufgaben erst aus der Liste zu streichen, wenn sie abgearbeitet sind und nicht bereits dann, wenn sie in den Wochenplan übertragen wurden.

Für den Wochenplan verwende ich eine simple Excel-Vorlage, die ich mir selber erstellt habe. Es handelt sich um ein Blatt im Querformat mit sieben Spalten, eine für jeden Wochentag, und sieben Zeilen für die jeweiligen Aufgaben der Tage. Diesen Wochenplan fülle ich jeden Sonntag am Computer aus, drucke ihn anschließend und lege ihn gut sichtbar auf meinen Schreibtisch. Im Verlauf der Woche streiche ich die erledigten Aufgaben durch, verschiebe Einträge mit einfachen Pfeilen oder schreibe handschriftlich neue Einträge dazu. Natürlich kommt es vor, dass ich Aufgaben innerhalb der Woche nicht erledigen kann. Dann markiere ich diese und plane sie am Sonntag im nächsten Wochenplan mit ein.

Ein kurzer Tipp für diejenigen, die sich in einer Beziehung befinden. Bindet euren Partner bei der Erstellung des Wochenplans mit ein. Ihr sollt den Plan nicht zu zweit erstellen, aber eine kurze Nachfrage, was die kommende Woche so ansteht, hilft enorm dabei, Fehlplanung zu vermeiden und die Realisierbarkeit des Wochenplans zu erhöhen.

# Umsetzung

Es tut mir leid dir sagen zu müssen, dass du deinem Ziel, dein Ingenieurstudium erfolgreich abzuschließen, durch das Lesen der vergangenen Seiten kein bisschen nähergekommen bist. Nur wenn du das Gelesene auch umsetzt, wird sich dein zeitliches und finanzielles Investment in dieses Buch lohnen. Daher gibt es zu jedem Kapitel ein Umsetzungskapitel, in dem kurze und knappe Action-Steps beschrieben sind. Folgend findest du die Action-Steps, um dir dein eigenes Organisationssystem zuzulegen.

- Lade dir eine Kalender-App herunter oder benutze die vorinstallierte. Erstell ein Widget auf deinem Smartphone, sodass das Kalenderblatt des aktuellen Monats auf einer Seite deines Smartphones dargestellt wird. Trage alle deine Termine in den Kalender ein oder zumindest die, die dir momentan einfallen.
- Lade dir eine Listen-App herunter und trage alle deine offenen Aufgaben ein. Trage auch Aufgaben ein, die etwas weiter in der Zukunft liegen, die du aber schon immer erledigen wolltest.
- Erstell dir eine Vorlage für deinen Wochenplan.
- Lege einen Tag fest, an dem du deinen Wochenplan ausfüllst und trage dies fest in die Vorlage des Wochenplans ein.
- Fang an mit deinem Organisationssystem zu arbeiten und verbessere oder erweitere es, wenn du merkst, dass für dich etwas fehlt.
- Bleib kontinuierlich dabei, sodass das Arbeiten mit deinem Organisationssystem zu einer Gewohnheit wird.

Wenn du die genannten Punkte wirklich umsetzt, wirst du merken, wie sich dein Gehirn weniger mit dem stumpfen Erinnern von Terminen, sondern mehr mit dem kreativen Lösen von Problemen beschäftigt. Was du mit hoher Wahrscheinlichkeit aber als aller Erstes merkst, ist die

Reduktion von Stress im Alltag. Durch die innere Sicherheit, dass keine Termine oder Aufgaben vergessen werden, lässt es sich deutlich besser entspannen. Aktivitäten, die du aktiv zur Entspannung ausübst, werden von dem Hintergrundrauschen deines doch noch arbeitenden Gehirns befreit. Genug der Worte, jetzt ist es Zeit Taten folgen zu lassen.

# DER ALGORITHMUS FÜR EFFEKTIVITÄT UND EFFIZIENZ

Zu Beginn dieses Kapitels gibt es ein bisschen Klugscheißerwissen über die Begriffe Effektivität und Effizienz, die im Alltag doch von vielen falsch verwendet werden. Einfach gesagt, bedeutet Effektivität das Richtige zu tun. Es geht also um das „Was". Effizienz bedeutet, etwas richtig zu tun. Hier geht es also um das „Wie". Effektivität und Effizienz gleichzeitig bedeutet, das Richtige richtig zu tun. Wenn du für eine Klausur, in der stumpf Definitionen abgefragt werden, mit Karteikarten lernst, dann ist das effektiv. Schaffst du es aber nur dir eine Karte in der Stunde zu merken, bist du nicht effizient. Effektiv und effizient wärst du, wenn du Karteikarten benutzt, und das auf eine Art und Weise, in der du schaffst, dir mit möglichst geringem Zeitaufwand maximal viele Karteikarten zu merken. Also Effektivität = das Richtige machen. Effizienz = etwas richtig machen.

Wie in dem Kapitel zuvor, ist auch dieses Kapitel in drei Blöcke gegliedert. Erst geht es um die Grundlagen von effektivem und effizientem Verhalten im Studium und wie man sich selbst systematisch dazu bringt, diese beiden Verhaltensmuster umzusetzen. Im zweiten Block wird die praktische Umsetzung von effektivem und effizientem Verhalten fokussiert. Dabei wird mit Beispielen gezeigt, auf welchen unterschiedlichen Wegen sich ein Studium effektiv und effizient gestalten lässt. Abschließend gibt es wieder konkrete Umsetzungsempfehlungen.

# Theorie

Die Grundvoraussetzung für effektives und effizientes Arbeiten, ist zu wissen, wo du hinwillst. Wenn dir das nicht klar ist, ist es unmöglich, effektiv und effizient zu arbeiten, weil du gar nicht wissen kannst, ob du das Richtige tust und ob du es richtig tust. Woran willst du das messen, wenn du den Maßstab nicht kennst? Oder etwas technischer ausgedrückt, was bringt dir der Ist-Zustand, wenn du den Soll-Zustand nicht kennst? Er bringt dir überhaupt nichts.

Genau das ist ein großes Problem vieler Ingenieurstudierender, was dazu führt, dass man mit den erzielten Ergebnissen nicht zufrieden ist. Wenn du die Klausur in Thermodynamik nur bestehen willst oder mit einer 1,3 abschließen möchtest, sind die Bewertungsmaßstäbe für Effektivität und Effizienz völlig unterschiedlich. Deine Herangehensweise an Fächer sollte sich von Fach zu Fach unterscheiden. Wenn dich ein Fach, wie Höhere Mathematik, nicht interessiert, du die Klausur aber trotzdem gut bestehen willst, macht es Sinn sich hauptsächlich mit dem Lösen von klausurähnlichen Aufgaben zu beschäftigen. Wohingegen du in einem anderen Fach, das dich deutlich mehr interessiert, auch das Skript durcharbeiten solltest, um die tiefer gehenden Zusammenhänge zu verstehen, auch wenn diese dir zum Bestehen der Klausur nicht unbedingt helfen. Um effektiv und effizient sein zu können, musst du also deine Ziele kennen.

Ein anderes Wort für Effizienz und Effektivität ist Zielorientiertheit. Zielorientierts Arbeiten ist besonders im Ingenieurbereich unglaublich wichtig, um den Wald trotz der vielen Bäume noch zu erkennen. Besonders im Studium, wo in der Regel die Grundlagen des Ingenieurwesens vermittelt werden, ist das Eintauchen ins Detail immer möglich. Das kann Spaß machen, birgt aber die Gefahr, sich im Detail zu verlieren und so vom roten Faden abzukommen, der dich zu deinem eigentlichen Ziel führt. Du musst die Herleitung des Satzes von Gauß nicht vollständig verstanden haben, um ein Integral zu lösen. Also sparst du dir die fünf YouTube Videos über die Herleitung des Satzes von Gauß besser und konzentrierst dich auf seine reine Anwendung, um das Integral zu lösen. Durch zielorientiertes Arbeiten gewinnst du eine Menge Zeit und ersparst dir den Verlust von vielen Nerven. Ich wiederhole:

**Du kannst nicht effektiv und effizient arbeiten,
wenn dein Ziel nicht definiert ist.**

Du kennst diesen Typ Studierende mit Sicherheit auch. Lernt drei Wochen von 8 Uhr morgen bis 20 Uhr abends in der Bibliothek für eine bestimmte Klausur und fällt dann durch oder schreibt eine schlechte Note. Woran hat es gelegen? Natürlich am Professor, der einfach eine unfaire Klausur gestellt hat. Alle Klausuren aus den Vorjahren waren natürlich deutlich einfacher...Ich weiß gar nicht, wie oft ich so etwas in der Art schon gehört habe. Das Problem ist nicht der Professor. Das Problem ist auch nicht, dass der Studierende zu wenig Zeit für das Lernen eingeplant hat. Das Problem ist, dass er schlicht und ergreifend nicht effektiv und noch weniger effizient gelernt hat. Mit an Sicherheit grenzender Wahrscheinlichkeit gibt es immer Studierende, die einen geringeren IQ haben, weniger Zeit zum Lernen investiert haben und trotzdem mit einer besseren Note abgeschlossen haben, weil diese einfach zielorientierter waren. Abgesehen davon, ist es meiner Meinung nach und nach den Ergebnissen vieler Studien einfach nicht möglich, von 8 Uhr morgens bis 20 Uhr abends konzentriert zu lernen, aber dazu in späteren Kapiteln mehr.

Ich möchte dir nicht vermitteln, dass du in deinem gesamten Studium immer den perfekten Masterplan haben musst, aber das Wissen darüber, dass Zielorientiertheit eine Schlüsselqualifikation für den erfolgreichen Abschluss eines Ingenieurstudiums ist, hoffe ich dir in den letzten Absätzen näher gebracht zu haben. Wie genau man es schafft, systematisch zielorientiert zu arbeiten, ist Thema des Praxiskapitels.

Auf den ersten Blick klingt es wie ein schlechtes Marketingversprechen, wenn ich behaupte, dass du mit weniger Zeitaufwand bessere Noten erreichst, wenn du zielorientiert arbeitest, aber das ist es nicht. Ich bin mir sicher, dass auch du Kommilitonen kennst, die es einfach schaffen, mit weniger Aufwand als der Durchschnitt, bessere Noten zu erreichen als der

Durchschnitt. Dieses Phänomen ist in den meisten Fällen jedoch nicht auf übernatürliche Intelligenz zurückzuführen, sondern einfach auf andere Arbeitsweisen. Manche haben sich diese Arbeitsweisen schon in der Schule angeeignet, andere lernen sie erst im Studium und wieder andere lernen sie nie. Ich persönliche habe ungefähr in der Hälfte meines Studiums angefangen, mich damit zu beschäftigen, wie ich es schaffe, im Studium erfolgreicher zu sein, ohne noch mehr Zeit zu investieren. Häufig liegt der Schlüssel zu besseren Noten nämlich nicht darin, noch mehr und noch härter zu lernen, sondern einfach andere Methoden zu benutzen und smarter zu lernen. Leider ist es für uns in der Regel sehr schwer zu erkennen, wann wir uns besser damit beschäftigen sollten, wie wir etwas tun, anstatt einfach noch mehr zu tun. Der offensichtlichste Weg mehr zu erreichen, ist mehr zu tun, aber der offensichtlichste Weg ist bei Weitem nicht immer der Zielführendste.

Dieses Konzept hat Steven Covey in einer sehr schönen Geschichte verpackt. Sie handelt von einem Holzfäller, der versucht einen Baum mit einer Säge zu fällen. Der Holzfäller kommt jedoch nur sehr spärlich voran und arbeitet schon seit längerer Zeit mit voller Kraft. Ein Passant kommt vorbei, sieht die Mühen des Holzfällers und fragt diesen, warum er seine Säge nicht schärfe, um besser Sägen zu können. Daraufhin antwortet der Holzfäller, er habe keine Zeit die Säge zu schärfen, er müsse den Baum fällen und sägt mit großer Anstrengung weiter. Die Botschaft der Geschichte ist klar. Häufig sind wir so verbissen damit beschäftigt immer mehr und mehr zu tun, um ein bestimmtes Ziel zu erreichen, ohne uns Gedanken über die Art und Weise zu machen, wie wir das Ziel am besten erreichen. Da du dieses Buch liest, befindest du dich aber schon auf dem richtigen Weg. Mit dem Lesen dieses Buches schärfst du deine Säge, anstatt ewig mit einem stumpfen Sägeblatt zu arbeiten.

Das Konzept von Effektivität und Effizienz bezieht sich aber nicht nur darauf, was wir tun und wie wir es tun. Besonders beim Lernen geht es auch darum, unter welchen Umständen wir etwas tun. Wenn du völlig verkatert in einem Cafe sitzt und im Hintergrund die besten Hits der 90ger gespielt werden, kannst du eine noch so ausgeklügelte Lernstrategie haben, du wirst nicht effizient lernen können. Es geht also auch darum, die Umstände so zu gestalten, dass sie effizientes Arbeiten zulassen. Es gibt drei Felder, in denen du deine Umstände aktiv gestalten musst, um effizientes Arbeiten zu ermöglichen.

Feld 1 ist deine Umgebung. Achte beim Lernen darauf, dir eine Umgebung zu schaffen, in der du dich gut konzentrieren kannst. Dabei geht es um Ablenkung, Lautstärke, Temperatur und frische Luft. Bei der Wahl deiner Umgebung zum Lernen müssen diese Faktoren stimmen, um mit minimalem Zeitaufwand maximale Ergebnisse zu generieren. Wenn du dich das nächste Mal zum Lernen hinsetzt, achte auf deine Umgebung und analysiere, ob diese förderlich für effizientes Lernen ist oder du Verbesserungen vornehmen musst.

Feld 2 ist deine persönliche Einstellung. Um wirklich gut vorwärtszukommen muss deine persönliche Einstellung stimmen. Das mag etwas esoterisch klingen, Motivation ist jedoch ein entscheidender Faktor für eine erfolgreiche Prüfungsvorbereitung. Sich bei 30 Grad im Schatten hinzusetzen und Differenzialgleichungen zu lösen setzt eine Menge Willenskraft voraus. Um deine Willenskraft und Motivation aufrecht zu erhalten, ist es sinnvoll, dir immer wieder selbst die Frage zu stellen, warum du überhaupt lernst und dir diese Frage auch wirklich zu beantworten. Mehr dazu im Praxiskapitel.

Feld 3 ist deine körperliche Verfassung, die wesentlich dazu beiträgt, wie effizient du lernen kannst. Ich hatte eben bereits erwähnt, dass es sich verkatert nicht gut lernen lässt, aber das ist nicht das Einzige worauf man bei seiner körperlichen Verfassung achten sollte. Dein Körper kann entweder gegen dich arbeiten, wenn du ihm keine Beachtung schenkst oder er kann dich unterstützen, wenn du bereit bist, ein paar Grundregeln einzuhalten. Häufig lässt sich in Lernräumen beobachten, wie manche Studierende morgens mit müden Augen ihre Bücher aufschlagen, wohingegen andere bereits voll konzentriert dabei sind, die plastische Verformung eines mit einer parabelförmigen Streckenlast belasteten

Balkens zu berechnen. Was genau du tun kannst, damit dein Körper für und nicht gegen dich arbeitet, wird ebenfalls im Praxiskapitel beschrieben.

Das Optimum an Effektivität und Effizienz stellt sich ein, wenn du zielorientiert arbeitest und deine Umgebung, Einstellung und Verfassung dich unterstützen. Glücklicherweise sind das alles Faktoren, die du selbst beeinflussen kannst. Es liegt also an dir, ob du dich in diesem High-Performance-Bereich bewegen möchtest, um mehr Zeit für die Dinge im Leben zu haben, die noch mehr Spaß machen als plastische Verformungen zu berechnen oder ob du doch lieber den Weg von Masse statt Klasse beschreiten möchtest. Das Wissen, um dem High-Performance-Weg zu beginnen, hast du jetzt. Die praktische Umsetzung wird im nächsten Kapitel beschrieben. Vorher aber noch eine kleine Abbildung, die das Konzept von Effektivität und Effizienz, sowie die drei Felder des High-Performance-Weges verdeutlicht.

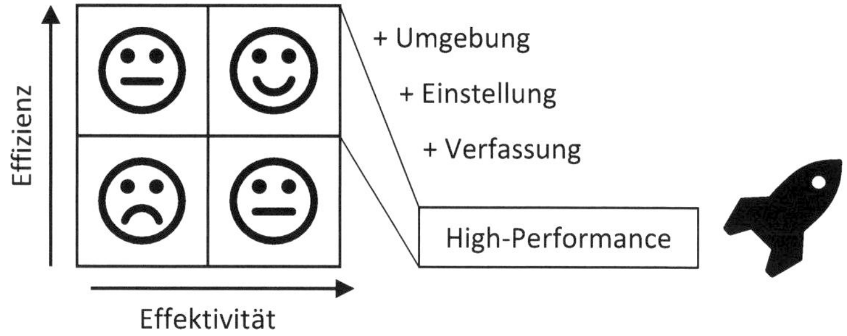

# Praxis

Um die Zielorientierung beim Lernen sicherzustellen, muss erst einmal ein Ziel festgelegt werden. Dazu habe ich mir für jede Prüfung, die ich innerhalb des aktuellen Semesters schreiben wollte, ein leeres Blatt genommen, ein Ziel formuliert und dieses aufgeschrieben. In der Regel so, dass ich eine Mindestnote festgelegt habe, die ich erreichen wollte. Ich habe also konkret aufgeschrieben: *Ich bestehe das Fach Grundlagen der Elektrotechnik mit einer Note von mindestens 1,7.*

Wichtig ist allerdings, dass du nicht einfach so eine Mindestnote festlegst. Du brauchst Informationen über das Fach, um wissen zu können, welche Note mit einem wie großen Aufwand erreichbar ist. Du musst dich also vorher informieren, wie schwer das Fach ist, welches Material zum Lernen zur Verfügung steht und wie viel Zeit du zum Lernen des Faches aufwenden kannst. Wenn das Fach beispielsweise schwer ist und du zusätzlich drei Tage vorher eine andere Klausur schreibst, die definitiv wichtiger ist, weil du bereits einmal durchgefallen bist, ist es relativ unrealistisch eine 1,3 als Mindestnote festzulegen.

Deine Zielsetzung muss realistisch machbar sein, um zielorientiertes Arbeiten zu fördern. An dieser Stelle mag es noch illusorisch erscheinen, dass eine aufgeschriebene Mindestnote auf einem Blatt Papier einen wirklichen Nutzen hat, das ändert sich jedoch, wenn wir im nächsten Kapitel dazu kommen, konkrete Strategien für die einzelnen Fächer zu entwickeln. Die Ausarbeitung dieser Strategien hängt maßgeblich von der angepeilten Mindestnote ab. Die fachspezifische Lernstrategie muss mit der Mindestnote im Einklang sein, um Fehlplanung und Enttäuschungen zu vermeiden. Dazu muss man ehrlich zu sich selbst sein und rational darüber nachdenken, ob die angepeilte Mindestnote mit der festgelegten Strategie wirklich zu schaffen ist oder ob noch mehr getan werden muss, um das Ziel zu erreichen. Wie genau du das machst, wird im Kapitel des nächsten Algorithmus erklärt. In diesem Praxiskapitel möchte ich genauer auf die im

Theorieteil vorgestellten Felder für Effektivität und Effizienz eingehen und wie du diese auf deinen Erfolgskurs einstellen kannst.

**Feld 1: Umgebung**

Richte deine Umgebung so ein, dass dein Gehirn im Hochleistungsbetrieb arbeiten kann. Ich habe beispielsweise immer in einem Stilllernraum in der Uni gelernt, weil ich mich dort aufgrund der geringen Ablenkung am besten konzentrieren konnte. Zu Hause gibt es immer irgendwelche Kleinigkeiten, die mich aus dem Lernfluss gebracht haben. Da ich sehr geräuschempfindlich bin, habe ich mir manchmal sogar noch Ohropax oder Kopfhörer mit klassischer Musik in die Ohren getan. Wichtig für dich und auch für alle in deinem Umkreis ist, dass du dein Handy auf komplett lautlos stellst und von dir weglegst, sodass du nur in konkreten Lernpausen darauf schaust. Es gibt wenige Dinge, die mehr stören als ein ständig vibrierendes Handy, das auf einem Tisch liegt. Tu deiner Umgebung also bitte einen Gefallen und schalte dein Handy in Lernräumen immer auf komplett lautlos. Dass du dein Handy außer Sichtweite positionierst ist besonders wichtig, da die meisten Smartphones mittlerweile auch im Standby-Modus durch Blinken oder Ähnliches anzeigen, dass eine Nachricht auf dich wartet. Ich weiß nicht wie diszipliniert du bist, aber mir fällt es schwer, mich zu konzentrieren, wenn ich sehe, dass ich eine Nachricht bekommen habe. Der einfachste Weg dich davor zu schützen, dass dein Smartphone dich ablenkt, ist es einfach außer Sichtweise zu legen. Ich weiß, es klingt banal, aber schau dich das nächste Mal beim Lernen um, wie viele Studierende ihr Handy vor sich liegen haben und ständig davon abgelenkt werden.

Ich rate dir ebenfalls dazu, nicht in Cafés zu lernen. Dort herrscht zwar eine angenehme Atmosphäre und du sitzt direkt an der Kaffeequelle, aber für konzentriertes Arbeiten sind Cafés nicht geeignet. Zu gerne schaut man sich die Menschen um sich herum an oder versinkt in Gedanken. Zusätzlich finde ich, dass ein Café ein Ort der Entspannung ist und nicht mit Arbeit in Verbindung gebracht werden sollte.

Über die Jahre meines Studiums bin ich zu dem Ergebnis gekommen, dass es nur zwei wirklich geeignete Umgebungen zum Lernen gibt. Das ist dein eigener Schreibtisch zu Hause, wenn du es schaffst, dich nicht ablenken zu lassen, und Lernräume in der Uni. Ich persönlich bevorzuge es, Lernräume der Uni aufzusuchen und empfehle dies auch jedem.

In Lernräumen herrscht, wie auch in Cafés, eine besondere Atmosphäre. Alle, oder sagen wir eher die Meisten, lernen und befinden sich in derselben Situation. Es ist in der Regel ruhig und es gibt keine Ablenkungen, außer die, die du selber mitgebracht hast. Mein persönlicher Hauptgrund ist jedoch, dass man durch das Lernen in Lernräumen die „Arbeit“ von der Freizeit/Zu Hause trennen kann. Dadurch ist es deutlich leichter, während des Lernens konzentriert zu arbeiten, das Gehirn zu entspannen und abzuschalten, wenn man den Lernraum verlässt. Du kannst es sehen wie einen Job. Du fängst um 8 Uhr an und verlässt das Gebäude um 16 Uhr. Mit dem Verlassen des Gebäudes ist deine Arbeit getan. Natürlich ist das etwas überspitzt formuliert und es gibt Zeiten, in denen man zu Hause noch ein paar Karteikarten lernt oder Ähnliches, aber das Grundprinzip der klaren Trennung von Lernen und Freizeit bleibt bei der Benutzung eines Lernraums bestehen. Letzten Endes musst du für dich selbst entscheiden, wo du dich am besten konzentrieren kannst, aber es ist wichtig, dass du dich aktiv damit beschäftigst und deine Umgebung so gestaltest, dass sie dich dabei unterstützt effektiv und effizient zu arbeiten.

**Feld 2: Einstellung**

Neben der Umgebung ist deine Einstellung ein wichtiger Erfolgsfaktor, nicht nur um richtig zu Lernen, sondern um dein Studium erfolgreich abzuschließen. Ich bin kein Motivationscoach und kann hier keinen pep talk geben, aber ich möchte zwei Dinge an dich weitergeben, dir mir während meines Studiums geholfen haben, neue Motivation zu schöpfen.

Um mich kurzfristig zu motivieren, zum Beispiel morgens auf dem Weg zur Uni, habe ich mir inspirierende und motivierende Reden angehört. Man mag es kaum glauben, aber es gibt extra Reden, die sich damit beschäftigen einen zum Lernen zu motivieren. Gib einfach auf YouTube „Study Motivation“ oder Ähnliches ein und du findest eine Fülle von Videos, die dir helfen morgens motiviert zu starten. Natürlich ist diese Art der Motivation nur oberflächlich und von kurzer Dauer, aber es reicht, um dich zum Handeln zu bewegen und den Stein ins Rollen zu bringen.

Die zweite Hilfestellung geht tiefer und zielt auf deine innere Motivation ab. Hin und wieder, nicht täglich aber ein Paar Mal im Monat, habe ich mir selbst die Frage gestellt, warum ich das ganze eigentlich mache. Warum studierst du Maschinenbau/Elektrotechnik/Materialwissenschaften etc.? Wenn du dir ein paar Minuten Zeit nimmst, um dir die Frage ehrlich zu beantworten, wirst du merken, wie deine Motivation steigt. Du wirst merken, wie das heutige Lernen im Verhältnis zum großen Ganzen zur Kleinigkeit wird und dir deshalb viel leichter fällt. Egal was deine Antwort auf die Frage sein mag. Ob du es wegen des guten Gehalts, dem Ansehen, der Faszination für Technik oder dem Antrieb, die Welt durch technische Innovationen zu verbessern studierst, diese ganzheitliche Sicht auf dein Studium hilft dir dabei, kleine Hürden leichter zu überwinden. Wichtig ist, dass du dir wirklich ein paar Minuten Zeit nimmst und die Frage aufschreibst und ebenfalls schriftlich beantwortest. So hast du es Schwarz auf Weiß, wie ein Beweisdokument vor dir liegen. Natürlich hilft es auch schon, sich nur Gedanken darüber zu machen, aber der volle Effekt wird sich erst einstellen, wenn du Frage und Antwort aktiv aufschreibst. Ich kann mir vorstellen, was du denkst, während du das hier liest und ich hätte genauso gedacht, wenn ich es vor ein paar Jahren zum ersten Mal gelesen hätte. Aber an dieser Stelle bitte ich dich um einen kleinen Vertrauensvorschuss. Probiere es aus und beobachte, wie sich deine Motivation bzw. deine Einstellung ändert.

### Feld 3: Körperliche Verfassung

Deine körperliche Verfassung ist neben deiner Umgebung und deiner Einstellung der dritte Faktor, den es richtig einzustellen gilt, um maximale Effektivität und Effizienz zu erreichen. Auch an dieser Stelle wieder der Disclaimer, dass ich kein Fitness- oder Gesundheitsexperte bin, aber jedem sollte bewusst sein, dass die Leistungsfähigkeit im Studium stark von der gesamten körperlichen Verfassung abhängt. Den Meisten ist dieser Fakt durchaus bewusst, trotzdem wird er extrem häufig nicht berücksichtigt. Beispiele dafür finden sich überall. Studierende, die morgens um 8 schon den ersten Energydrink trinken oder in der Lernphase das Frühstück ausfallen lassen und jeden Mittag Pizza essen kennt wohl jeder von uns. Dass solche Verhaltensmuster die Leistungsfähigkeit reduzieren, ist kein Geheimnis, trotzdem kann man sie täglich beobachten.

Besonders in Phasen, in denen du mehrere Stunden täglich am Schreibtisch verbringst, ist es wichtig, dass dir nicht schon um 2 Uhr mittags die Energie ausgeht und dein Konzentrationslevel über eine längere Zeit so hoch wie möglich bleibt. Wie auch bei den anderen beiden Feldern, kann deine körperliche Verfassung entweder für oder gegen dich arbeiten. Du kannst dein Verhalten aktiv steuern und so dafür sorgen, dass du leistungsfähig bist oder du misst deiner körperlichen Verfassung keine Bedeutung zu und verschenkst dieses unglaubliche Potenzial.

Um deine körperliche Verfassung so einzustellen, dass sie dich dabei unterstützt, effektiv und effizient zu lernen oder in Vorlesungen und Übungen besonders aufnahmefähig zu sein, gibt es vier Aspekte, die du beachten musst. Die Aspekte können in ihrer Wichtigkeit nicht miteinander verglichen werden. Auch die Schwierigkeit ihrer tatsächlichen Umsetzung lässt sich schwer vergleichen, weil die individuellen Unterschiede hier sehr groß sind.

Ein Aspekt ist ausreichend Schlaf. Dass ausreichend Schlaf ein wesentlicher Faktor für die Leistungsfähigkeit ist, ist eine bekannte Tatsache. Schläfst du zu wenig, nimmt deine Leistungsfähigkeit rapide ab. Die Frage, wie viele Stunden genug Schlaf sind, kann ich dir leider nicht beantworten. Auch hier sind die Menschen zu unterschiedlich, um eine allgemeingültige Antwort zu geben. Wenn du morgens allerdings Energydrinks trinken musst, um wach zu werden, schläfst du definitiv zu wenig. Sieben bis acht Stunden Schlaf sind sicherlich ein gesundes Maß, wobei es auch Menschen gibt, die mit sechs Stunden gut zurechtkommen. Die Frage, ob du genug schläfst, kannst du dir am besten selber beantworten, du musst dir die Frage nur mal ernsthaft stellen, darüber nachdenken und deinen Körper beobachten. Wenn du ständig müde bist, viel Kaffee und Energydrinks brauchst und morgens nur schwer wach wirst, schläfst du mit hoher Wahrscheinlichkeit zu wenig.

Wenn du schon Koffeintabletten nimmst, um wach zu sein, sollten alle Alarmglocken läuten. Anstatt das Symptom „die Müdigkeit" durch Koffein zu bekämpfen, solltest du die Ursache des Problems beheben und an deiner Schlafgewohnheit arbeiten. Dadurch wirst du langfristig auf ein höheres Leistungsniveau kommen, anstatt immer nur kurzzeitige Spitzenleistungen zu bringen. Beobachte also mal selbst, ob du ausreichend Schlaf bekommst oder ob dieser Aspekt noch Spielraum zur Optimierung bietet.

Der zweite Aspekt ist die Ernährung. Es ist ein leidiges Thema, aber nicht zu umgehen, wenn wir unser volles Potenzial ausschöpfen wollen. Genauso, wie beim Schlaf, kann dich deine Ernährung entweder unterstützen oder gegen dich arbeiten. Du solltest dir also ganz genau überlegen, was du zu dir nimmst. Dein Gehirn braucht den richtigen Treibstoff, um mit so wenig Widerstand wie möglich zu arbeiten. Ich werde dir sicher keinen Ernährungsplan vorschlagen, aber ein paar Dinge solltest du definitiv vermeiden.

- Vermeide Energydrinks
- Vermeide fettiges und schweres Essen in Lernpausen
- Vermeide stark zuckerhaltige Getränke während des Lernens
- Vermeide lange Phase ohne Nährstoffzufuhr und einen unregelmäßigen Essensrythmus

Energydrinks führen dazu, dass du für einen kurzen Moment überdrehst und dein Gehirn nicht in Ruhe nachdenken kann, wohingegen du nach diesem Effekt in ein Konzentrationsloch fällst. Fettiges und schweres Essen in Lernpausen macht träge und müde. Dein Körper muss sich stark mit der Verdauung beschäftigen, sodass wenig Kapazität für Denkleistungen übrigbleibt. Zuckerhaltige Getränke, wie Cola oder Fanta, wirken ähnlich wie Energydrinks und lassen deine Leistungsfähigkeit stark schwanken, wodurch dein Körper beansprucht wird und deine Leistungsfähigkeit auf lange Sicht geringer ist, als wenn du auf Zuckersaft verzichten würdest. Wenn du lange nichts zu dir genommen hast, schaltet dein Gehirn in einen Energiesparmodus, der dazu führt, dass du dich schlechter konzentrieren kannst. Gleiches passiert, wenn dein Essensrythmus durcheinander ist.

Nach den ganzen Dingen, die du nicht tun solltest, hier mal ein Beispiel, wie ich mich ernährt habe, wenn ich mich auf Klausuren vorbereitet habe. Morgens gab es ein Müsli aus Haferflocken, gefrorenen Beeren, einem Apfel, Nüssen und Honig. Gegen 10 Uhr dann einen kleinen Snack, der meist wieder aus Nüssen mit Rosinen bestand und einen Kaffee. Mittagessen gab es meistens in der Mensa. Dort habe ich es allerdings vermieden Schnitzel, Burger, Pizza oder Pommes zu essen, sondern zum Wok, Salat oder Eintopf gegriffen. Den nächsten Zwischenstopp gab es in der Regel gegen 3 Uhr. Gegessen habe ich dann nichts mehr, sondern einen Kaffee oder ein kaltes Getränk getrunken. Abends, wenn ich mit dem Lernen fertig war, habe ich gegessen worauf ich Lust hatte und mir keine Restriktionen auferlegt.

Der dritte Aspekt, den du im Augen behalten solltest, um deine körperliche Verfassung als Unterstützung für effizientes und effektives Arbeiten zu nutzen, ist Sport. Für Viele ein genauso leidiges Thema wie die Ernährung. Es ist wichtig, dass du deinem Körper einen physischen Ausgleich zu der psychischen Belastung durch das Lernen lieferst. Wenn dein Gehirn ausgepowert und schlapp, dein Körper aber noch aufgedreht und voller Energie ist, führt das zu Spannungen. Ich persönlich habe mich dadurch immer gereizt gefühlt und war sehr angespannt. Andere haben als Folge dessen Probleme zu schlafen oder zu entspannen. Fakt ist, dass du nicht nur dein Gehirn anstrengen musst, sondern auch deinen Körper fordern solltest, um deine Leistungsfähigkeit zu steigern.

Ein gutes Maß ist es, dreimal in der Woche Sport zu machen. Was du tust, ist dir überlassen, aber es sollte dir Spaß machen. Es geht auch nicht darum, besondere Leistung zu erbringen. Es reicht völlig aus, wenn du entspannt Joggen gehst oder dich 45 Minuten auf einem Crosstrainer bewegst.

Wenn du dich schwer zum Sport motivieren kannst, schlage ich vor, dass du dir einen Sport suchst, der zu festen Terminen angeboten wird. Diese Termine kannst du mit einplanen und zur Gewohnheit machen. Besonders förderlich ist es, wenn du mit anderen zusammen Sport machst, die dich mitziehen können, wenn deine Motivation bei 0 Grad Kelvin am absoluten Nullpunkt liegt.

Der letzte Aspekt, den es bezüglich einer förderlichen körperlichen Verfassung zu beachten gibt, ist Entspannung. Neben der starken Belastung durch das viele Lernen und den Stress durch die Klausuren ist es wichtig, dass du immer wieder zur Ruhe kommst und dich entspannst. Wie du das am besten machst, weißt du selbst. Ich gehe gerne mit Musik spazieren oder fahre Motorrad. Gerade beim Motorradfahren ist es so, dass man sich auf das Fahren konzentrieren muss und gar nicht die Möglichkeit hat, über die Klausuren oder die Uni nachzudenken. Egal was es ist, ob du Musik machst, bastelst, spazieren gehst oder etwas völlig anderes. Wichtig ist nur, dass du dabei zur Ruhe kommst und neue Kraft tankst. Nimm dir einmal die Woche Zeit, um zur Ruhe zu kommen und deinem Gehirn und deiner Seele wirkliche Entspannung zu gönnen. Am besten planst du diese Auszeit in deinem Wochenplan mit ein, sodass dir nicht immer wieder etwas dazwischenkommt, wie es so häufig passiert, wenn man sich vornimmt etwas Zeit für sich zu nehmen. Wenn du nicht weißt, wobei du am besten entspannen kannst, probiere einfach ein paar unterschiedliche Dinge aus. Frag deine Kommilitonen, was sie tun und probiere aus, was für dich am besten funktioniert.

# Umsetzung

Das gelesene Kapitel ist voll mit Dingen, die es jetzt umzusetzen gilt. Die Umsetzung von vielen dieser Dinge ist allerdings mehr ein Prozess als ein einzelnes Ereignis. Ich habe versuchst, das Praxiskapitel schon so zu beschreiben, dass du einen Eindruck davon bekommst, wie du es in der praktischen Umsetzung schaffst, effektiver und effizienter zu werden. Damit du einen guten Einstieg bekommst, stelle ich im Folgenden drei Dinge vor, die du direkt Umsetzen kannst.

- Setz dir klare Ziele. Um zielorientiertes Arbeiten zu gewährleisten, musst du erst mal klare Ziele haben. Überleg dir für jedes Fach dieses Semesters ein konkretes Ziel. Sei realistisch, verschaff dir einen Überblick über den Schwierigkeitsgrad, das vorhandene Lernmaterial und den Zeitraum, der dir zum Lernen bleibt. Lege dann eine Mindestnote fest, die du erreichen möchtest. Mach dies schriftlich für jedes Fach, das du dieses Semester schreibst.
- Erhöhe deine Leistungsfähigkeit beim Lernen indem du dich vor Ablenkungen schützt und deine Lernzeit in Sprints aufteilst. Wenn du das nächste Mal lernst, stell dir eine Stoppuhr auf 60 Minuten, leg dein Handy ans andere Ende des Raums oder tu es in eine Tasche (nicht Hosentasche) und benutze Ohropax. Dann lernst du die 60 Minuten, bis deine Uhr klingelt, konzentriert durch. Das heißt, du stehst nicht auf, um dir was zu Trinken oder Essen zu holen, du guckst nicht auf dein Handy und du führst auch keine Gespräche. Nach den 60 Minuten machst du eine Pause und wiederholst den Vorgang mit 45 Minuten und dann in 30 Minuten-Schritten, bis du für den Tag fertig bist. Es sind drei sehr simple Dinge, die in ihrer Umsetzung allerdings nicht so leicht sind. Am besten nimmst du dir jetzt einen Zettel und schreibst auf: Stoppuhr auf 60 Minuten stellen, Handy außer Reichweite legen, Ohropax benutzen. Setz diese drei Dinge um, wenn du das nächste Mal lernst und du wirst merken, wie du durch diese simplen, aber nicht

zu unterschätzenden Handlungsmuster in kürzerer Zeit deutlich mehr geschafft bekommst.

- Der dritte Umsetzungspunkt ist sofort anwendbar. Um effektiv und effizient lernen zu können, musst du wissen, wie man für die einzelnen Fächer am besten vorgeht. Wer könnte das besser wissen, als Jemand, der das entsprechende Fach bereits geschrieben hat. Finde für jedes Fach des Semesters mindestens eine Person, die dieses Fach bereits geschrieben hat. Schreibe diesen Personen eine Nachricht und bitte sie, dir zu beschreiben, wie sie für das Fach XY lernen würden, wenn sie es noch mal schreiben müssten. Dabei ist es wichtig zu fragen „Wie sie lernen würden, wenn sie es noch mal schreiben müssten" und nicht zu fragen „Wie sie gelernt haben", denn du willst aus ihren Erfahrungen lernen und nicht die gleichen Fehler begehen. Such dir also zu jedem Fach mindestens eine Person und frag um Rat.

Die genannten Punkte spiegeln natürlich nicht Alles wider, was in diesem Kapitel beschrieben wurde. Ich halte es jedoch für sinnvoller, hier drei direkt umsetzbare Punkte zu beschreiben, als dich mit einer Liste von Aufgaben abzuspeisen, die, wenn wir ehrlich sind, niemand Punkt für Punkt abarbeiten wird. Daher gibt es hier „nur" drei direkt umsetzbare Punkte, die mit vertretbarem Aufwand durchzuführen sind. Tatsächlich versuche ich damit auch die Hauptaussagen dieses Kapitels zu untermalen, denn die Umsetzung dieser drei Punkte ist einerseits effektiv, da sie exakt auf die Zielsetzung „Mehr Erfolg im Studium" abzielt und sie ist effizient, weil mit geringem Aufwand maximale Ergebnisse erzeugt werden.

# DER ALGORITHMUS FÜR VORLESUNGEN UND ÜBUNGEN

Der Aufbau des Algorithmus für Vorlesungen und Übungen und der des nachfolgenden Algorithmus für Klausuren orientieren sich an dem klassischen Verlauf eines Semesters. Zuerst wird der Stoff in den Vorlesungen auf theoretischer Basis erklärt und die Grundlagen erläutert, woraufhin in Übungen der Praxisbezug hergestellt wird. Die abschließenden Klausuren überprüfen in der Regel, ob der gelehrte Stoff verstanden wurde. Diesen Aufbau übernehmen wir für die folgenden beiden Kapitel und werden uns erst mit den wichtigsten Regeln für Vorlesungen und Übungen befassen und anschließend zu der erfolgreichen Bewältigung von Klausuren übergehen.

Im Theoriekapitel wird beschrieben, wie man sein Semester ganzheitlich plant und wie Herangehensweisen für die einzelnen Fächer zu gestalten sind. Weiter wird darauf eingegangen, wie man sich in Vorlesungen und Übungen am besten verhält, um das Maximum an Wissen aus der eingesetzten Zeit zu gewinnen. Gegen Ende des Theoriekapitels gibt es einen Exkurs zu Lerngruppen, wann diese sinnvoll sind und was es beim Lernen in Gruppen zu beachten gibt. Wie gewohnt, findest du im Praxiskapitel wichtige Tipps und Beispiele zur Umsetzung der Theorie und im Umsetzungskapitel klare Schritte, was zu tun ist, um das Beschriebene in deinem Studium zu nutzen.

# Theorie

Wie in der Einleitung beschrieben, ist ein Algorithmus ein festgelegtes Vorgehen. Der Algorithmus für Vorlesungen und Übungen ist dementsprechend ein systematisches Vorgehen, um zu planen, welche Vorlesungen und Übungen du besuchst und wie du dich in diesen verhältst. Es geht darum, das größtmögliche Wissen mit einem möglichst geringen Aufwand zu gewinnen. Der Algorithmus beschreibt aber nicht nur, wie du die grobe Struktur deines Semesters planst, sondern auch, wie du dir Vorgehensweisen für einzelne Fächer erstellst. Diese Vorgehensweisen werden in direkter Verbindung zu deinen fachspezifischen Zielen aufgestellt, sodass sie sicherstellen, dass du deine Ziele auch erreichst.

Aktiv planen bedeutet, sich eine Strategie, also eine Ziel-Wegbeschreibung, zu erstellen und diese zu verfolgen. Dinge einfach auf sich zukommen zu lassen kann in vielen Situationen und Lebenslagen hilfreich sein, für einen erfolgreichen Abschluss deines Ingenieurstudiums ist diese Einstellung jedoch hinderlich. Hierzu bedarf es guter Planung und Strategien.

Natürlich kannst du immer nur für deinen aktuellen Informationsstand planen. Wenn du zu Beginn des Semesters Strategien für deine Fächer erstellst, kann es durchaus sein, dass du im Verlauf des Semesters Anpassungen vornehmen musst. Deine Pläne und Strategien sollten also nicht in Stein gemeißelt sein, sondern flexibel angepasst werden können, wenn sich dein Informationsstand ändert.

Zu Beginn des Semesters muss festgelegt werden, welche Fächer du belegen willst. Wie frei du in dieser Entscheidung bist, hängt davon ab, an was für einer Universität du studierst. In der Regel besteht jedoch an jeder Universität eine gewisse Freiheit, selber zu entscheiden, welche Fächer belegt werden. Die Wahl dieser Fächer muss sorgfältig an mehreren Faktoren abgewogen werden. An dieser Stelle können schon die ersten Fehler entstehen, die dazu führen, dass das Semesters nicht so erfolgreich verläuft, wie du es dir vorgenommen hast. Die Wahl der Fächer darf nicht unterschätzt werden und stellt einen wesentlichen Faktor für deinen Erfolg im Studium dar. Die Hauptfaktoren, anhand derer du deine Fächer wählen solltest, sind *Belastung, Interesse* und *Termine*.

Das Gesamtkonzept der Fächer muss so gewählt werden, dass die Belastung nicht zu hoch und nicht zu gering ist. Daher ist es wichtig, den Schwierigkeitsgrad der einzelnen Fächer abschätzen zu können. Es ist löblich, ambitionierte Ziele zu haben und viele schwere Fächer innerhalb eines Semesters schreiben zu wollen. Du tust dir damit aber keinen Gefallen, da deine Noten darunter leiden werden. Die Kombination deiner Fächer so zu wählen, dass du möglichst viele Fächer mit sehr guten Noten abschließt, ist die hohe Kunst.

Unter den Faktor Belastung zählen jedoch nicht nur die Fächer, die du wählst, sondern auch Belastungen neben der Universität. Auch diese sind bei der Planung des Semesters zu berücksichtigen. Betreibst du beispielsweise neben dem Studium Leistungssport und in ein paar Monaten steht ein wichtiger Wettkampf an, ist es unklug diese Belastung bei der Wahl der Fächer nicht zu berücksichtigen.

Wenn wir von Belastung sprechen, muss uns natürlich bewusst sein, dass jeder Mensch unterschiedlich belastbar ist. Besonders zu Beginn des Studiums ist es enorm schwierig, die eigene Belastbarkeit einzuschätzen. Daher ist es an den meisten Universitäten so, dass zu Beginn des Studiums wenig Wahlmöglichkeiten bestehen und diese erst im Verlauf des Studiums zunehmen. Wenn du deine eigene Belastbarkeit also noch nicht einschätzen kannst, solltest du dich an den von der Universität geplanten Studienverlauf halten.

Der zweite Faktor, der nicht weniger wichtig ist als der erste, ist dein Interesse. Ich muss wohl nicht groß argumentieren, warum es wichtig ist, Fächer auch nach Interesse zu wählen. Interesse an einem Fach erhöht die Motivation, die Leistungsbereitschaft und vor allem den Spaß beim Einarbeiten in die Thematik. Allerdings ist es wichtig, Fächer nicht nur aus Interesse zu wählen. Dabei entsteht die Gefahr, dass zwar interessante Fächer belegt werden, aber das Gesamtinteresse am Studium sinkt, weil die

Kombination der Fächer Probleme in den anderen beiden Faktoren Belastung und Termine erzeugt. Belegst du nur Fächer, die dich brennend interessieren, macht das Besuchen der Veranstaltungen zwar Spaß, wenn deine Noten und deine Gesamtleistung im Studium jedoch nicht zufriedenstellen sind, wird dein Interesse am Studium auf lange Sicht darunter leiden.

Der dritte Faktor zur Auswahl von Fächern betrifft organisatorische Aspekte und ist teilweise mit dem Faktor Belastung verknüpft. Neben der Belastung und dem Interesse kommt es nämlich darauf an, dass die Termine der Fächer günstig zueinander liegen. Selbstverständlich sollten sich Vorlesungen und Übungen nicht überschneiden. Was jedoch vielen Studierenden nicht so bewusst ist, ist die große Relevanz der Klausurtermine zueinander. Zwei Klausuren an aufeinander folgenden Tagen zu schreiben ist nicht nur an den Tagen selbst extrem anstrengend, sondern auch für die Vorbereitung ein großes Problem. Man muss die Lernzeit zwischen mehreren Fächern aufteilen und hat kaum Gelegenheit, sich vollkommen in ein Fach zu vertiefen. Dabei sind besonders die Tage kurz vor einer Klausur meist am wichtigsten. Du solltest bei der Auswahl deiner Fächer also ein besonderes Augenmerk auf die Klausurtermine legen und versuchen, diese so weit wie möglich auseinanderzulegen. Dadurch hast du vor jeder Klausur mehr Zeit, dich intensiv mit dem Fach zu beschäftigen, was sich zwangsläufig in den Ergebnissen der Klausuren widerspiegeln wird. Wie genau du die drei Faktoren benutzt, um Fächer konkret auszuwählen, wird im Umsetzungskapitel erklärt. An dieser Stelle geht es vorerst um das Verständnis, warum diese Faktoren wichtig sind.

Nach der Auswahl der Fächer geht es um die Erstellung eines Stundenplans. Natürlich kannst du einfach alle Veranstaltungen deiner gewählten Fächer in einen Wochenkalender übertragen und schon hättest du einen fertigen Stundenplan. Dann hast du allerdings einen Standardstundenplan, der dir nicht wirklich dabei hilft, das nächste Semester erfolgreich zu durchlaufen. Wir werden also anders Vorgehen und einen erweiterten Stundenplan erstellen.

Dieser Stundenplan enthält deine Univeranstaltungen, feste Regeltermine, wie deinen Nebenjob oder Trainingszeiten, Lernzeiten und andere Alltagsaufgaben, mit denen sich Zeitlücken füllen lassen. Häufig ist es nämlich so, dass sich gewisse Zeitlücken im Stundenplan ergeben, die ohne einen konkreten Plan nicht genutzt werden. Natürlich ist es schön, zwischen den Vorlesungen mal eine Pause zu haben, aber jeden Tag ein bis zwei Stunden zu verschenken, weil du zwischen deinen Univeranstaltungen keine Termine hast, ist nicht wirklich zielführend. Deine Univeranstaltungen bilden den Rahmen, innerhalb dessen du weitere Aktivitäten einplanen kannst. Du wirst dich wundern, wie viel du auf einmal unter der Woche geschafft bekommst, alleine dadurch, dass du neben Vorlesungen und Übungen auch andere Aktivitäten mit in deinem Stundenplan berücksichtigst. Das „Schritt für Schritt Vorgehen", um deinen Stundenplan zu erstellen, wird im Praxiskapitel beschrieben.

Der ein oder andere aufmerksame Leser wird sich an dieser Stelle fragen, ob der Stundenplan und der zuvor beschriebene Wochenplan nicht in gewisser Weise das Gleiche sind. Der Einwand ist berechtigt und bedarf etwas Erklärung. Der Stundenplan enthält nur Regeltermine, die du wöchentlich von Montag bis Freitag wiederholst. Der Wochenplan hingegen umfasst ein breites Spektrum und beinhaltet auch einmalige Aufgaben, Treffen mit Freunden oder Veranstaltungen. Der Stundenplan bezieht sich also nur auf deinen Unialltag unter der Woche, wohingegen der Wochenplan auch alles darüber hinaus abdeckt. Das Zusammenspiel der beiden Pläne ist besonders wichtig. Der Stundenplan dient als Input für den Wochenplan. Bei der Erstellung deines Wochenplans musst du deinen Stundenplan vor dir liegen haben, um die Inhalte zu übertragen und die folgende Woche ganzheitlich planen zu können.

Als weitere Strukturmaßnahme neben dem Stundenplan ist es wichtig, für jedes belegte Fach eine Übersicht zu erstellen. Zielgerichtete und gute Planung ist nicht nur für das Semester als Ganzes wichtig, sondern auch für die einzelnen Fächer. Diese Planung ist enorm hilfreich, um die von dir festgelegten Ziele zu erreichen. Dazu ist es wichtig, sich zu Beginn des Semesters ein Übersichtsblatt für jedes Fach zu erstellen. Dieses

Übersichtsblatt enthält alle relevanten Informationen zu dem Fach. Konkret werden dort alle wichtigen Termine, das vorhandene Arbeitsmaterial, die Struktur des Fachs und die Erfahrungen anderer festgehalten. Natürlich hat man zu Beginn des Semesters nicht sofort alle wichtigen Informationen zur Verfügung. Daher wird das Übersichtsblatt anfangs erstellt und anschließend angepasst, sobald neue Informationen zur Verfügung stehen. Auch das im Algorithmus für Effektivität und Effizienz definierte Ziel für jedes Fach ist Teil des Übersichtsblattes, sodass sich ein vollständiges Gesamtbild des Faches ergibt. Mit diesem Gesamtbild kannst du eine Strategie zur Erreichung deines Ziels aufstellen. Diese Strategie verfolgst du während des Semesters.

Nähert sich die Vorlesungszeit dem Ende und die Klausuren rücken näher, nutzt du deine Übersichtsblätter und den Fortschritt, den du bisher erreicht hast, um dir für jedes Fach eine Lernstrategie für die kommende Lernphase zu erstellen. Diese Lernstrategie beschreibt, wie du mit dem Lernmaterial, der Zeit und der Vorkenntnisse, die dir zur Verfügung stehen, umgehst, um dein festgelegtes Ziel zu erreichen. Der Detaillierungsgrad der Lernstrategie kann sich von Fach zu Fach stark unterscheiden. Wichtig ist jedoch, dass du einen Plan hast, an dem du dich orientieren kannst. Deine Lernstrategie kann beispielsweise ein grobes Vorgehen enthalten, das wie folgt aussieht:

- Skript lesen und Notizen machen
- Karteikarten schreiben
- Übungsaufgaben Rechnen und Karteikarten lernen
- Altklausuren Rechnen
- Karteikarten lernen

Die einzelnen Schritte sind hier keinen speziellen Tagen zugeordnet, da eine Abschätzung darüber, wie schnell du vorankommst, schwierig ist. Eine andere mögliche Lernstrategie wäre für jeden Tag spezielle Aufgaben festzulegen. Der Vorteil eines hohen Detaillierungsgrades ist, dass du einen sehr genauen Überblick über deinen Fortschritt hast. Du weißt genau, was du bis zum Tag der Klausur geschafft bekommst, wenn du dich an deine Lernstrategie hältst.

Wir haben jetzt viel über Planung gesprochen, aber noch nicht darüber diskutiert, wie man sich in Vorlesungen und Übungen im Ingenieurstudium eigentlich richtig verhält. Dabei ist das ein wichtiger Aspekt, den es nicht zu unterschätzen gilt. Durch richtiges Verhalten in Vorlesungen und Übung sparst du dir beim späteren Lernen eine Menge Zeit und erhöhst deine Chancen auf hervorragende Noten. Bevor man sich allerdings damit beschäftigt, wie man das Meiste aus Veranstaltung mitnimmt, sollte man sich die Frage stellen, wann es überhaupt Sinn macht Vorlesungen und Übungen zu besuchen, wenn keine Anwesenheitspflicht besteht. Um diese Frage zu beantworten, möchte ich einen kurzen Abschnitt anführen, den ich zuvor für ein anderes Buch verfasst habe, das speziell für das Maschinenbaustudium geschrieben wurde. Der Inhalt gilt jedoch ohne Einschränkungen für alle Ingenieurstudiengänge.

*„Ich gehe nicht mehr zur Vorlesung, das bringt mir eh nichts. Wenn ich in der Zeit alleine lerne, verstehe ich den Stoff viel besser und bekomme mehr geschafft".* Wie oft hast du das schon gedacht oder gehört? Ich habe diesen Satz selber schon oft gedacht und noch öfter gehört. Es mag auch häufig stimmen, aber nur unter der Prämisse, dass die 90 Minuten der Vorlesung auch wirklich zu 90 Minuten Lernen werden und nicht zu 15 Minuten Lernen, 10 Minuten Kaffee trinken, 30 Minuten Netflix und 35 Minuten Labern. Es ist eine gefährliche Falle, nicht mehr zu Veranstaltungen zu gehen, weil man alleine effektiver wäre, die Zeit dann aber tatsächlich nicht mit Lernen verbringt. Eine 90-minütige Vorlesung, von der ich nur ein Drittel verstanden habe, bringen mir immer noch mehr als 0 Minuten Lernen. Aber wann lohnt es sich wirklich Univeranstaltungen zu besuchen und wann lässt man es besser sein?

Grundsätzlich gibt es aus der Sicht eines Studierenden nur zwei Gründe, weshalb Veranstaltungen wie Vorlesungen oder Tutorien besucht werden sollten, außer es handelt sich um Pflichtveranstaltungen. Der erste Grund ist, weil die Veranstaltungen Fachkompetenzen vermitteln, mithilfe derer die zugehörige Klausur bestanden werden kann. Der zweite Grund ist Interesse. Es gibt durchaus Dozenten, die eine Veranstaltung sehr interessant gestalten, sodass es sich alleine aus Interesse lohnt, diese Veranstaltung zu besuchen. Bestenfalls fallen beide Gründe natürlich zusammen. Die Veranstaltung bringt einen fachlich weiter und ist interessant. In der Realität ist diese Kombination aber leider nicht so häufig zu finden. Du solltest deine Entscheidung, ob du eine Veranstaltung weiter besuchst, von diesen beiden Punkten und einem weiteren abhängig machen. Nämlich, ob du während der Veranstaltung wichtige Hinweise oder Tipps für die Klausur aufschnappen kannst. Ich hatte innerhalb meines Studiums mehrere Vorlesungen, die ich weder besucht habe, weil ich sie interessant gefunden habe, noch weil sie mich fachlich weitergebracht haben, sondern rein aus dem Grund, dass es hin und wieder wichtige Hinweise für die Klausur gab. Du solltest vorerst zu jeder Veranstaltung gehen und erst aussortieren, sobald du dir einen Überblick über die drei genannten Punkte verschaffen konntest. Finde heraus, ob die Veranstaltung dich fachlich weiterbringt, interessant ist und/oder es Tipps für die Klausur gibt. Kannst du alles bejahen, gehst du natürlich weiter hin. Ist nichts davon der Fall, streichst du die Termine aus deinem Kalender. Bist du dir mit der Entscheidung nicht sicher, solltest du dir überlegen, was du in der gewonnenen Zeit tun würdest, falls du die Veranstaltung nicht weiter besuchst. Das hängt natürlich davon ab, in welchem Zeitraum sich die Veranstaltung befindet und wo der Hörsaal ist.

Du hast sicher schon tausende Male gehört, dass es unterschiedliche Lerntypen gibt und jeder daher unterschiedlich viel aus Veranstaltungen mitnimmt. Daher ist es auch immer eine individuelle Entscheidung, ob sich der Besuch einer Veranstaltung für einen persönlich lohnt. Die drei Punkte und die abschließende Frage, was du mit der gewonnenen Zeit anstellen kannst, bieten eine sehr gute Hilfestellung, um diese Entscheidung mit gutem Gewissen zu fällen. Ich schreibe nicht umsonst „mit gutem Gewissen", denn gerade zu Beginn des Studiums habe ich mich oft unwohl gefühlt, wenn ich Veranstaltungen nicht besucht habe. Ich hatte dann oft das Gefühl etwas zu verpassen oder nicht mitzukommen. Wenn du die genannten Punkte für Veranstaltungen, bei denen du daran zweifelst, dass deine Anwesenheit sinnvoll ist, berücksichtigst und die Entscheidung unabhängig von Meinungen von Kommilitonen fällst, kannst du ruhigen Gewissens schlafen. Je weiter man im Studium fortschreitet, desto einfacher wird es, diese Entscheidung zu treffen, da man auf eine größere Erfahrungsbasis zurückgreifen kann und dadurch schneller merkt, ob der Besuch einer Veranstaltung nützlich ist oder nicht.

Hast du die Entscheidung getroffen, eine Veranstaltung zu besuchen, stellt sich die Frage, wie du die investierte Zeit in der Veranstaltung am effizientesten nutzt. Wenn man mal in eine x-beliebige Vorlesung reinschaut, fällt einem auf, dass alle Studierenden ein anderes Verhalten an den Tag legen. Einige sitzen zurückgelehnt in den Reihen und gucken auf ihr Handy, andere schreiben sich ab und zu etwas mit Kugelschreiber in einen Block und wiederum andere Tippen wie verrückt auf ihren Laptops oder Tablets rum. Es gibt viele Möglichkeiten, einer Veranstaltung zu folgen und noch viel mehr Meinungen, welche davon die beste ist. Wie immer gibt es keinen goldenen Weg, sondern es kommt eben drauf an. Es kommt auf die Art und Weise der Veranstaltung sowie auf deine persönliche Vorliebe an. Es ist nicht sinnvoll, jedes Wort des Dozenten auf einem MacBook Air für 234.340,99€ abzutippen und es ist auch nicht ratsam, zurückgelehnt 90 Minuten auf sein Smartphone zu starren.

Ich habe mein ganzes Studium eine sehr simple Taktik angewendet und bin immer nur mit Stift und Papier ausgerüstet in Veranstaltungen gewesen. Dadurch kannst du sowohl komplizierte Rechnungen und Skizzen mitschreiben, als auch Notizen und Seitenvermerke aufschreiben. Im Ingenieurstudium geht es hauptsächlich darum, Rechnungen und Diagramme mitzuschreiben oder sich Hinweise zu Folien oder Seiten im Skript zu notieren. Dafür sind ein Stift und ein Block völlig ausreichend. Wenn Veranstaltungen sehr powerpointlastig sind und du dir viele Notizen machst, kann es sehr angenehm sein, sich die Folien vorher auszudrucken und die Notizen direkt auf die passenden Folien zu schreiben. Ich möchte damit niemandem ans Bein pinkeln und behaupte auch nicht, mit Tablets oder Laptops mitzuschreiben ist weniger sinnvoll, für mich hat es sich lediglich nicht bewährt. Am besten probierst du unterschiedliche Strategien aus, um herauszufinden, welche für dich die Richtige ist.

Dabei gibt es zwei Bewertungskriterien, anhand derer du dich für oder gegen eine der Methoden entscheiden solltest. Das erste Kriterium ist deine Fähigkeit, der Veranstaltung während des Notierens weiter zu folgen. Es bringt nichts, wenn du alles wie ein Roboter mitschreibst, aber nichts verstehst. Das andere Kriterium ist die Nützlichkeit deiner Mitschriften im Nachhinein. Zehn Seiten Mitschriften in fünf verschiedenen Farben auf parfümiertem Biopapier sind schön anzusehen, aber wenig hilfreich, wenn du sie danach zum Lernen nicht verwendest. Probiere verschiedene Methoden aus und beobachte, wie gut du dich während des Mitschreibens auf den Dozenten konzentrieren kannst und wie hilfreich deine Notizen für das Wiederholen des Stoffes sind.

Mindestens genauso wichtig wie die Frage, wie man etwas mitschreibt, ist die Frage, was man mitschreibt. Eine Abschrift jeder Silbe, die aus dem Sprechorgan des Dozenten gekommen ist, ist für die Klausurvorbereitung ebenso wenig hilfreich wie ein leeres Blatt. Grundsätzlich gilt, dass du nichts mitschreiben solltest, was du in schriftlicher Form zur Verfügung gestellt bekommst. Es macht keinen Sinn, Lösungen von Aufgaben mitzuschreiben, wenn diese auf der Plattform deiner Universität zum Download bereitstehen. Mitschreiben solltest du alles, was dir zum Verständnis des Stoffes hilft, nicht im Skript, auf den Folien oder in Aufgabensammlungen steht und für die Klausur wichtig ist. Um es so praxisbezogen wie möglich zu beschreiben: Du solltest in der Veranstaltung sitzen, zuhören und dabei bereit sein, dir für den aktuellen Punkt der Diskussion Notizen zu machen. Du musst also aufmerksam zuhören, um immer zu wissen, worum es geht, und wo in der Thematik ihr euch gerade befindet. Fällt dir dann etwas auf oder wird etwas gesagt, was für das Verständnis des Stoffes hilfreich ist (das können auch simple Eselsbrücken sein), notierst du es. Genauso machst du es mit Dingen, die nicht im Skript oder Ähnlichem zu finden sind und mit Hinweisen für die Klausur. Du befindest dich sozusagen in einer konzentrierten Lauerhaltung, immer bereit, Notizen zu machen.

Ich habe es zwar schon erwähnt, möchte aber noch mal aufgreifen, wie wichtig es ist, nicht nur fachliche Informationen wahrzunehmen. Professoren und Dozenten sind auch nur Menschen. Wie jeder andere Mensch finden sie es schön, wenn ihnen zugehört wird und man sich für das was sie erzählen interessiert. Dementsprechend freut es Dozenten natürlich, wenn ihre Veranstaltungen von so vielen Studierenden wie möglich besucht werden. Gerade in recht theoretischen Fächern, in denen keine Anwesenheitspflicht herrscht, dezimiert sich die Zuhörerschaft nicht selten auf einen wirklich kleinen Kreis. Häufig möchten Dozenten die Studierenden, welche regelmäßig zur Vorlesung gekommen sind, in irgendeiner Art und Weise belohnen. Die einfachste und gleichzeitig effektivste Methode um das zu tun, ist Tipps für die Klausur zu geben. Genau für diese Tipps musst du hochsensibel werden! Manche Dozenten geben Tipps offensichtlich in dem sie Dinge sagen wie *„Achtung! Diese Folie ist besonders klausurrelevant"*. Andere geben eher versteckte Hinweise und lassen Bemerkungen wie *„Es ist mir wichtig, dass sie das verstehen"* fallen, um zu symbolisieren, dass das vorliegende Thema besonders klausurrelevant ist. Achte beim Zuhören also ganz genau darauf, ob es irgendwelche Hinweise gibt, welche Themen für die Klausur besonders wichtig sein könnten. Ich habe mir in vielen Klausuren ins Fäustchen gelacht, weil tatsächlich Inhalte abgefragt wurden, die eher nebensächlich erschienen, der Dozent aber durch die Blume zu verstehen gegeben hatte, dass er sie gerne in Klausuren prüft. Oft habe ich dann im Nachhinein von Kommilitonen gehört, wie unfair es doch sei, so etwas abzufragen. Da keiner Klugscheißer mag, habe ich mich davor gehütet zu sagen, dass das doch klar war, weil es dann und dann in der Vorlesung so und so gesagt wurde, aber ein kleines Schmunzeln konnte ich mir nicht verkneifen. Achte beim Mitschreiben also nicht nur auf das Fachliche, sondern auch auf Hinweise und Tipps für die Klausur.

Ein letzter Tipp zum Besuchen von Veranstaltungen. Genieß es! Es kann eine Menge Spaß machen mit Freunden in einem Hörsaal zu sitzen, einen Kaffee zu trinken, zuzuhören und dabei schlauer zu werden. Es klingt verrückt, aber manchmal kann in einer Universität eine fast magische Stimmung entstehen. Eines Tages hatte ich ein Blockseminar, Technik der

Luftfahrtantriebe, welches von einem Aufsichtsratsmitglied eines großen deutschen Luftfahrtunternehmens gehalten wurde, der eine Gastprofessur an der RWTH Aachen innehatte. Normalerweise saßen wir in einem sterilen Seminarraum, der an diesem Tag jedoch anderweitig belegt wurde, weshalb wir in die Bibliothek des Instituts für Strahlantriebe und Turbomaschinen ausweichen mussten. Wir saßen also in einer Bibliothek, umgeben von alten Büchern, hörten einer Koryphäe der Luftfahrtindustrie zu und konnten dabei durch eine große Fensterfront in die Maschinenhalle gucken, in der mehrere Triebwerke standen. Da geht einem als echtem Ingenieur das Herz auf.

**Exkurs: Lerngruppen**

Wenn mich jemand fragt, wie ich es geschafft habe mein Grundstudium so schnell mit guten Noten über die Bühne zu bringen und er eine einfache Antwort haben will oder ich nur eine schnelle Antwort geben möchte, sage ich immer, dass ich eine sehr starke Lerngruppe hatte. Ich kann keinen einzelnen Faktor nennen, der zum Erfolg im Studium führt und ich glaube, den gibt es auch nicht, aber im Ingenieurwesen ist eine gut funktionierende Lerngruppe Gold wert. Der ein oder andere mag mir an dieser Stelle widersprechen und auch genug Gegenbeispiele finden, die immer alleine gelernt haben und super durchs Studium gekommen sind. Ich würde jedoch meine Hand dafür in eine geschmolzene Titanlegierung halten, dass man mit einer Lerngruppe um mehrere Potenzen mehr Spaß beim Studieren hat, als die Studierenden, die immer alleine lernen. Selbst im Ingenieurwesen geht es bei einer Lerngruppe ausnahmsweise nicht nur um das Fachliche, sondern auch um zwischenmenschliche Aspekte. Ich gebe an dieser Stelle auch ganz offen und ehrlich zu, dass es Fächer gab, die ich ohne meine Lerngruppe definitiv nicht im ersten Anlauf bestanden hätte.

Es gibt mehrere Aspekte einer Lerngruppe, die sie zu einem sehr mächtigen Werkzeug machen, um hervorragende Noten zu schreiben und beim Lernen so viel Spaß zu haben, wie es eben möglich ist. Natürlich haben nur die wenigsten Spaß daran, die fünfte Differenzialgleichung hintereinander zu lösen. Wenn man sich dabei aber darüber streiten kann, wer den nächsten Kaffee holt oder das letzte Stück Pizza isst, macht es das Ganze direkt viel angenehmer. Gemeinsame Kaffeepausen und das Mittagessen werden zu Zwischenzielen, auf die man sich freut. Man flucht gemeinsam über Aufgaben und feiert gemeinsam, wenn man etwas verstanden oder gelöst hat. Man lacht zusammen und ist zusammen gefrustet. Hier greift das Motto „geteiltes Leid ist halbes Leid“. Aber es ist nicht nur ein Mehr an Spaß, das man durch eine Lerngruppe gewinnt.

Ich bin zum Glück kein Psychologe, aber auch ich habe gemerkt, dass sich in einer Lerngruppe eine Gruppendynamik entwickelt. Man fühlt sich gezwungen mit den anderen mitzuhalten. Man möchte nicht hinterherhängen und fühlt sich dadurch auf eine bestimmte Art und Weise gezwungen zu jedem Treffen zu kommen und mitzuarbeiten. Natürlich ist das eine Form von Druck, aber meiner Meinung nach ist es ein positiver Druck, der einen dazu bewegt, mehr Leistung zu bringen. Wenn ihr zu viert in einer Lerngruppe seid und die anderen drei treffen sich zum Lernen, du bist aber nicht dabei, weil du auf Netflix hängengeblieben bist, dann ist das ein ganz schön beschissenes Gefühl. Dieser Gruppendruck drängt dich dazu die Treffen wahrzunehmen und zu lernen, denn du musst dich nicht nur vor dir selbst rechtfertigen, sondern auch deiner Lerngruppe erklären, warum du nicht kommst. Zusätzlich ist es auch für die Anderen in einer Lerngruppe besch...eiden, wenn eine Person öfters nicht dabei ist, weil ihr natürlich der Anschluss fehlt und dadurch viele Dinge wiederholt werden müssen, was Zeit und Nerven kostet. Man raubt sich also nicht nur selber die Zeit, sondern auch den anderen. Natürlich kann es immer mal vorkommen, dass man zu einem Treffen nicht kann. Es sollte aber definitiv nicht die Regel sein, sonst hat eine Lerngruppe keinen Sinn und wird nicht richtig funktionieren. Du wirst dann auch merken, dass die Anderen unzufrieden sind und schlechte Stimmung herrscht. Zuverlässigkeit ist das Stichwort. Wer nicht zuverlässig ist, hat in einer Lerngruppe nichts zu suchen. Ich halte es für einen geschickten Schachzug, diese Gruppendynamik zu nutzen, um sich selbst dazu zu bewegen, regelmäßig zu lernen. Den Druck, der dabei entsteht, habe ich persönlich nie als negativ empfunden, denn insgeheim wusste ich, dass es mir helfen wird, mein Ziel zu erreichen und mein Studium erfolgreich abzuschließen.

Neben dem Spaß und dem Gruppendruck hat eine Lerngruppe noch einen weiteren entscheidenden Vorteil. Beziehungsweise, sie sollte diesen Vorteil haben, wenn es eine gute Lerngruppe ist. Der weitere Vorteil sind die unterschiedlichen Stärken der Gruppenmitglieder, die zusammen zu (achtung Klugscheißerwissen) Synergieeffekten führen. Jeder profitiert von den Stärken der Anderen, die im besten Fall seine eigenen Schwächen sind und diese kompensieren können. An dieser Stelle noch mal der Disclaimer, dass ich kein Psychologe bin, aber dass es in Gruppen immer unterschiedliche Rollen gibt, sollte jeder bereits erfahren haben. Wenn sich diese Rollen gut ergänzen, ergibt sich etwas Größeres als die Summe der Einzelteile (Synergieeffekte). Genau das passiert in einer guten Lerngruppe. Beispielsweise gibt es Leute, die überdurchschnittlich intelligent sind und schwierige Zusammenhänge schnell durchblicken. Das sind die Experten, die meistens die Rolle des Erklärers einnehmen. Andere sind extrem gut organisiert, haben immer alle Unterlagen und Informationen. Die Organisatoren helfen der Lerngruppe nichts zu übersehen und immer auf dem neusten Stand zu sein. Es gibt aber auch Rollen, die keine so offensichtliche Aufgabe erfüllen, aber trotzdem sehr wichtig sind. Dazu gehört beispielsweise der Motivator, der auch nachmittags um 4 alle noch mal anspornt oder öfters mal Süßigkeiten dabeihat, um die Motivation hochzuhalten. Eine andere interessante Eigenschaft, die in einer Lerngruppe nützlich ist, hat der Frager. Häufig tut man Zusammenhänge als verstanden ab, wenn man sie grob durchdrungen oder für das vorliegende Beispiel verstanden hat. Eigentlich hat man sie aber noch gar nicht wirklich kapiert. Der Frager ist sich für keine Frage zu schade und bohrt so lange nach, bis er es wirklich verstanden hat. Das hilft auch den anderen Gruppenmitgliedern ein tieferes Verständnis zu erlangen und Zusammenhänge nicht zu schnell als erledigt abzuhaken.

Um möglichst effektiv zu lernen, ist es wichtig, dass die Zusammensetzung der Lerngruppe aus unterschiedlichen Charakteren besteht. Es ist nicht sonderlich förderlich, wenn die Lerngruppe nur aus Organisatoren besteht, die zwar super organisiert sind, den Stoff aber nicht verstehen und so unmotiviert sind, dass sie immer nach dem Mittagessen Feierabend machen. Natürlich ist das leichter gesagt als getan, aber die Chancen, dass eine Gruppe aus unterschiedlichen Charakteren besteht, stehen ziemlich gut. Wenn man sich dessen bewusst ist, kann man es nutzen und die Lerngruppe zu einem wahrhaftigen Team aus Power Rangern transformieren.

Neben der Gruppenzusammensetzung gibt es natürlich noch weitere Aspekte, die bei einer Lerngruppe zu beachten sind. Wahrscheinlich hast du dich schon gefragt, warum ich das nicht schon ganz am Anfang geschrieben habe, aber na klar, das Allerwichtigste ist, dass man sich gut versteht. Du musst nicht mit all deinen Lernpartnern Best Buddies werden, aber man muss sich verstehen und auch zusammen Mittagessen und Kaffee trinken können. Nur wenn man sich versteht, kann man auch zusammen lachen oder auch ehrliche Kritik äußern. Es wird immer Phasen geben, in denen alle angespannt sind, es zu hitzigen Diskussionen kommt oder man die Schnauze von den Anderen voll hat. Besteht in so einem Fall keine Basis, auf der man sich auch neben der Lernerei versteht, ist die Wahrscheinlichkeit groß, dass die Lerngruppe auseinanderfällt.

Ein weiterer Aspekt, der unbedingt zu beachten ist, ist die Gruppengröße. Ist man nur zu zweit, kann man wohl kaum von einer Lerngruppe sprechen und die beschriebenen Vorteile kommen nicht zum Vorschein. Es entsteht kein wirklicher Gruppendruck, der einen zum Lernen anspornt und auch die Synergieeffekte durch die heterogene Gruppenzusammensetzung können nicht voll ausgenutzt werden. Wenn Person A zu einem ausgemachten Lerntermin nicht kommen will, schreibt er Person B einfach eine Nachricht und das Treffen fällt für beide aus. Anders ist das bei einer größeren Gruppe. Wenn Person A eine Nachricht schreibt, dass er nicht komme, treffen sich die anderen trotzdem zum Lernen. Es kann aber genauso der umgekehrte Fall eintreffen und die Lerngruppe ist zu groß. In diesem Fall ist es schwer Termine zu finden und sich zu organisieren. Das Lernen wird schnell unruhig und die Ablenkung ist groß. Ein weiteres Problem bei großen Gruppen ist die Platzsuche. Ob in Lernräumen der Uni oder zu Hause, bei einer großen Gruppe kann es schnell schwierig werden einen geeigneten Platz zum Lernen zu finden. Ich halte eine Gruppengröße zwischen vier und sechs Personen für optimal. So findet man gut einen Platz, es wird nicht zu laut oder unruhig, es entsteht eine Gruppendynamik und man kann von den unterschiedlichen Charakteren profitieren. Die Größe hängt jedoch auch mit der Art der Lerngruppe zusammen. Handelt es sich um eine Lerngruppe, die gemeinsam Aufgaben löst und diese anschließend bespricht, würde ich eher zu einer Vierergruppe raten. Werden Aufgaben nicht gemeinsam gelöst, sondern jeder arbeitet im Prinzip für sich und es werden nur Fragen diskutiert, kann die Gruppe ruhig etwas größer sein.

Jetzt habe ich darüber berichtet, wie wichtig eine Lerngruppe ist und was dabei zu beachten ist, aber nicht beschrieben, wie man überhaupt eine Lerngruppe findet. Das will ich natürlich nicht außen vor lassen. Es gibt an dieser Stelle mehrere Möglichkeiten. Die einfachste Variante ist, mit deinen Freunden eine Lerngruppe zu bilden, mit denen du auch die Univeranstaltungen besuchst. Ihr kennt euch schon und verbringt bereits Zeit miteinander, also warum nicht auch zusammen lernen. Hier besteht allerdings die Gefahr, dass die Gruppengröße nicht stimmt oder die Charaktere nicht zusammenpassen. Nur weil man sich als Freunde super versteht, bedeutet das nicht automatisch, dass man gut zusammen lernen kann. Eine zweite Variante ist, Kommilitonen in Veranstaltungen anzusprechen und vorerst für konkrete Fächer Lerngruppen zu bilden. So kannst du zwei oder drei Lerngruppen ausprobieren. Wenn eine gut funktioniert, könnt ihr anfangen auch für andere Fächer zusammen zu lernen. Variante drei ist soziale Medien oder Foren zu nutzen, um Lernpartner zu finden. Auch hier kannst du vorerst nach Lernpartnern für konkrete Fächer suchen. Ich würde einfach einen Post verfassen, der so oder ähnlich lautet:

*„Hallo zusammen, ich suche eine Lerngruppe für Thermodynamik und/oder Mechanik 2, um sich an festen Terminen regelmäßig zu treffen, Aufgaben zu lösen und zu besprechen. Wenn es gut klappt, gerne auch für weitere Fächer."*

Du kannst den Text beispielsweise in Facebook Gruppen oder Foren teilen. Wenn sich Leute melden, trifft man sich ein paar Mal und testet, wie gut es funktioniert. Klappt es gut, erweitert man die Lerngruppe auf mehrere

Fächer und mehr Termine. Harmoniert man nicht, lässt man die Sache im Sand verlaufen und sucht sich neue Lernpartner. Du wirst im Laufe der Zeit sowieso nicht drum herumkommen, dir neue Lernpartner zu suchen, da es recht unwahrscheinlich ist, dass ihr vom Anfang bis zum Ende des Studiums gleich schnell vorankommt und die gleichen Fächer belegt. Wenn du die Augen offen hältst, aktiv suchst und dir nicht zu schade bist, Kommilitonen anzusprechen, wird das Finden einer Lerngruppe kein Problem.

Bisher habe ich Lerngruppen bis in den Himmel gelobt, muss aber eingestehen, dass das Lernen in einer Gruppe nicht immer und bedingungslos sinnvoll ist. Es gibt Fächer wie Höhere Mathematik oder Regelungstechnik, bei denen eine Lerngruppe bestehensnotwendig sein kann, wohingegen Fächer wie Qualitätsmanagement, Business Engineering oder Kommunikations- und Organisationsentwicklung besser alleine verinnerlicht werden. Grund dafür ist der Inhalt der Fächer und die Art und Weise wie gelernt wird. Wird in einem Fach viel gerechnet und es geht um komplexe Zusammenhänge, wo ein Teil der Schwierigkeit im Verständnis des Systems liegt, ist es ein großer Vorteil mehrere Gehirne zu haben, die an der richtigen Lösung arbeiten, denn meistens gibt es nur eine Lösung und genau diese Lösung muss gefunden werden. Die Gauß-Quadratur ergibt entweder das Ergebnis aus der Musterlösung oder sie ist falsch. Ist sie falsch, hat sie hoffentlich wer anders aus der Gruppe richtig und kann dir zeigen, wo dein Fehler liegt. Haben alle nicht im Sinne des Herrn Gauß gehandelt und ein falsches Ergebnis berechnet, lässt sich der Fehler in der Gruppe meist erheblich schneller finden. Eine Lerngruppe macht also immer dann Sinn, wenn gerechnet werden muss, es nur eine richtige Lösung gibt und/oder komplexe Systeme verstanden werden müssen. Fächer, in denen ich meine Lerngruppe unglaublich zu schätzen wusste, waren beispielsweise Höhere Mathematik, Mechanik, Elektrotechnik, Thermodynamik, Regelungstechnik, Simulationstechnik, Wärme- und Stoffübertragung und Strömungsmechanik.

Wie erwähnt, gibt es jedoch auch Fächer, in denen sich eine Lerngruppe nicht zwangsläufig rentiert und sogar eher zu langsamerem Fortschritt führen kann. Das sind besonders Fächer, in denen es hauptsächlich um

Auswendiglernen geht. Auch Fächer mit einfachen Rechnungen, die in sehr kurzer Zeit durchgeführt werden müssen, wo also nicht die Rechnungen, sondern die Geschwindigkeit die Schwierigkeit darstellt, lassen sich meist besser alleine lernen. Wie soll man auch in einer Gruppe Auswendiglernen? Klar, man kann sich gegenseitig abfragen, aber das kann man auch alleine. In diesem Fall glaube ich, dass die Ablenkung durch die Gruppe größer ist, als der minimale (wenn überhaupt) Vorteil den man hat, wenn man sich von einer anderen Person abfragen lässt. Fächer eignen sich demzufolge nicht für eine Lerngruppe, wenn sie eine geringe Komplexität aufweisen, es hauptsächlich um Auswendiglernen geht oder einfache Rechnungen und Fakten in kurzer Zeit abgefragt werden. Beispielhafte Fächer in meinem Studium waren Industrielle Montagesysteme, Optische Messtechnik und Bildverarbeitung, Qualitätsmanagement, Business Engineering, Grundlagen der Verbrennungsmotoren oder Fertigungstechnik. Häufig nimmt die Anzahl solcher Fächer mit dem Fortschritt des Studiums zu. Anfangs müssen die Grundlagen gelernt werden, die zum Leid vieler eben sehr mathematisch und rechenlastig sind. Im späteren Studium geht es um die Anwendung dieser Grundlagen auf spezifische Fälle, wo eher das Faktenwissen gefragt ist. Demzufolge ist häufig auch der Kontakt zu Lerngruppen zu Beginn des Studiums höher als gegen Ende. An dieser Stelle muss man jedoch sagen, dass das stark von der gewählten Vertiefung abhängt. An den meisten Universitäten beginnt man mit einem Grundstudium und vertieft sich dann teilweise bereits im Bachelor oder spätestens im Master in einem speziellen Fachgebiet. In Abhängigkeit von der Vertiefung kann es auch gegen Ende des Studiums noch eine Menge Fächer geben, in denen eine Lerngruppe sehr sinnvoll ist. Freunde von mir, die sich im Bachelor in Luft- und Raumfahrt und im Master in Luftfahrt vertieften, haben bis zum Ende ihres Studiums in Lerngruppen gelernt. Ich hingegen habe Produktionstechnik als Vertiefung gewählt und hatte im Master beispielsweise nur Mechatronik und Steuerungstechnik als Fach, für das lernen in einer Gruppe von Vorteil war.

Nach den recht theoretischen Ausführungen über die Vor- und Nachteile von Lerngruppen, was zu beachten ist, wie man sie findet und wann Lerngruppen sinnvoll sind, möchte ich in diesem Exkurs noch beschreiben, in was für Lerngruppen ich während meines Studiums untergekommen bin.

Meine erste Lerngruppe hat sich direkt ein paar Wochen nach der Erstiwoche gebildet und bestand aus sieben Studierenden, die alle in meiner Erstigruppe gewesen sind. Die Lerngruppe hatte sich recht automatisch gebildet, als das Studium losging, wir alle top motiviert waren und ohne Ausnahme in Mechanik anfangs rein gar nichts kapiert haben. Wir haben uns also eher unregelmäßig getroffen und versucht Aufgaben zu lösen. Recht schnell hat sich jedoch gezeigt, dass die Gruppengröße von sieben Mann dazu führte, dass man häufig abgelenkt war und nicht fokussiert arbeiten konnte. Weiter haben wir auch menschlich nicht besonders gut harmoniert, weshalb sich die Lerngruppe, so schnell wie sie entstand, auch wieder auflöste. Übrig geblieben ist eine Dreiergruppe, die aus zwei Freunden und mir bestand. In dieser Gruppe hat das Lernen schon deutlich besser funktioniert, eine gewisse Regelmäßigkeit oder ein System hatten wir aber noch nicht. Das Lernen zu dritt ging bis zur ersten Klausurenphase, als ein weiterer Kommilitone, der auch in meiner Erstigruppe war, dazugestoßen ist. Wir hatten viele Veranstaltungen zusammen besucht und er war in einer Gruppe untergekommen, die ebenfalls nicht sonderlich gut funktionierte, weshalb er sich uns anschloss, bevor es richtig losging mit dem Lernen.

Jetzt waren wir zu viert und die Klausuren rückten immer näher. Wir entschieden uns feste Termine festzulegen und uns regelmäßig zu treffen. Wir harmonisierten gut und hatten so viel Spaß beim Lernen, wie es eben ging. Als die Vorlesungen und Übung vorbei waren, ging es dann richtig los. Wir trafen uns jeden Tag von 9 bis 16 Uhr und lernten zusammen. An meiner Universität werden die Klausuren über die gesamten Semesterferien verteilt geschrieben, wodurch man jede Menge Zeit hat, sich vorzubereiten (was für ein Luxus...). Die Ergebnisse der ersten Klausuren waren zufriedenstellend, weshalb wir die Lerngruppe auch in den folgenden Semestern beibehielten. Je mehr Semester verstrichen, desto seltener lernten wir jedoch in der ursprünglichen Viererkombination. Manche von uns mussten Klausuren wiederholen und ab dem vierten Semester wählten wir teilweise unterschiedliche Vertiefungen, was dazu führte, dass wir weniger Fächer gemeinsam hatten, bzw. weniger Klausuren gemeinsam geschrieben haben. Entweder lernten wir dann in reduzierter Gruppengröße oder es kamen für bestimmte Fächer noch andere Kommilitonen hinzu, die wir bereits kannten. Dabei haben wir die Gruppengröße von fünf aber nie überschritten.

Zum Master hin, hatte sich die Lerngruppe vollständig aufgelöst, da unsere Stundenpläne einfach komplett unterschiedlich waren, wir also keine gemeinsamen Klausuren mehr hatten. Im Zuge dessen änderten sich für mich auch die Anforderungen der Fächer. Ich musste weniger mathematisch arbeiten und mehr Auswendiglernen, weshalb ich größtenteils alleine lernte. Für die Fächer, in denen eine Lerngruppe sinnvoll war, habe ich mir Leute gesucht, die die entsprechenden Veranstaltungen mit mir zusammen besuchten und nur speziell für dieses Fach eine Lerngruppe gebildet. Wir haben uns dann allerdings nicht mehr jeden Tag getroffen, sondern eher um Fragen, die beim Lernen aufgekommen sind, gemeinsam zu besprechen. Ich hatte also keine feste Lerngruppe mehr, sondern habe mich immer dann mit anderen getroffen, wenn ich für ein Fach lernen musste, bei dem Lernen in einer Gruppe Vorteile geboten hat.

Anfangs habe ich es nicht bemerkt, doch auch in meiner ursprünglichen Viererlerngruppe gab es klare Rollen. Wir hatten einen Experten, der Aufgaben schneller verstand als wir anderen und mathematisch sehr versiert war. Kamen wir nicht weiter, konnte er uns häufig aus dem Schlamassel retten. Zusätzlich sparte es sehr viel Zeit, wenn er uns die Lösungen zu Aufgaben erklärte, anstatt dass wir die Musterlösungen studieren mussten. Wir hatten auch einen engagierten Motivator, der uns immer dazu anhielt noch eine Stunde dran zu hängen oder daran zu erinnern, wofür wir uns getroffen haben, wenn wir mal wieder über völlig andere Themen diskutierten. Ein weiterer Lernpartner stellte extrem viele Fragen, wodurch wir gezwungen waren, Dinge, die wir zu schnell als verstanden abgehakt hatten, noch mal zu besprechen, bis sie wirklich jeder verinnerlicht hatte. Das letzte Mitglied war der Organisator, der immer dafür sorgte, dass wir alle Informationen und vollständige Materialien hatten. Rückblickend bin ich sehr dankbar, solch eine Lerngruppe gehabt zu haben. Wir haben unglaublich gut zusammen funktioniert und wahrscheinlich das letzte bisschen Spaß, dass man beim Lernen haben kann, herausgepresst. Natürlich gab es gute Zeiten und schlechte Zeiten.

Manchmal sind wir uns auch unglaublich auf die Nerven gegangen oder haben uns gestritten. Die Streite sind aber nie persönlich geworden, sodass sie schnell vergessen waren. Jetzt aber genug der Theorie. Kommen wir zum Praxisteil.

# Praxis

Zu Beginn jedes Semesters habe ich mich bei der Fächerwahl so nah an das Curriculum der Universität gehalten wie möglich. Besonders zu Beginn, im Grundstudium, hilft das Curriculum bei der Einschätzung, was innerhalb eines Semesters realistisch geleistet werden kann. Trotzdem lief nicht alles wie geplant und ich musste gegen Ende meines zweiten Studienjahrs zwei Fächer schieben, die ich nach dem offiziellen Curriculum hätte schreiben sollen. Das hat dazu geführt, dass ich mir erstmals Gedanken darüber machen musste, welche Fächer ich in dem kommenden Semester belege, um möglichst viele Fächer abzuarbeiten, ohne dass meine Noten darunter leiden.

Besonders relevant wurde die Planung der Fächerbelegung, als ich mein Grundstudium abgeschlossen hatte und mehr und mehr Fächer frei wählen konnte. Um eine Entscheidung zu treffen, habe ich vorerst die Fächer festgelegt, die ich auf jeden Fall belegen musste und die entsprechenden Klausurtermine rausgeschrieben. Anschließend habe ich weitere Fächer zusammengesucht, deren Klausurtermine nicht in direktem Konflikt zu den bereits Festgelegten standen. Wenn die Termine der Klausuren grundsätzlich passten, habe ich mir den Inhalt der Fächer näher angeguckt und Informationen über ihren Schwierigkeitsgrad eingeholt. Anhand meines Interesses und dem Potenzial, gute Noten zu erreichen, habe ich abschließend meine Entscheidung über die Wahl der Fächer getroffen.

Nachdem ich die ersten Veranstaltungen der Fächer besucht hatte, in denen in der Regel viele organisatorische Dinge besprochen werden, habe ich für jedes Fach ein Übersichtsblatt erstellt. Das Blatt enthielt Informationen über wichtige Termine, die Struktur des Fachs und verfügbares Material. Dieses Blatt habe ich im Verlauf der Zeit erweitert, sobald mir weitere Informationen zur Verfügung standen. Ein Übersichtsblatt sah beispielsweise wie folgt aus:

*Fach: Fertigungstechnik 1*

*Termine:*

- *27.7. Hallenführung im Institut*
- *15.8. Repetitorium*
- *13.9. Klausur*

*Material:*

- *12 Vorlesungen (Folien)*
- *12 Übungen (Folien)*
- *7 Altklausuren*

*Strategie:*

- *Vorlesung und Übung besuchen*
- *In Vorlesung Hinweise mitschreiben*
- *Übungen zu Hause erneut rechnen*

Im Verlaufe des Semesters habe ich meinen Stundenplan immer wieder angepasst. Beispielsweise, wenn ich mich dazu entschieden hatte, eine Vorlesung nicht weiter zu besuchen oder weitere Regeltermine dazugekommen sind. Lücken im Stundenplan habe ich so gut es ging mit nützlichen Aktivitäten wie Einkaufen, Sport machen, Putzen oder Lernen gefüllt. Also mit Dingen, die regelmäßig erledigt werden müssen und normalerweise ohne Planung immer erst dann durchgeführt werden, wenn es dringend notwendig ist. Folgend ist ein beispielhafter Stundenplan abgebildet.

| Montag | Dienstag | Mittwoch | Donnerstag | Freitag |
|---|---|---|---|---|
| Mathe V | Simulations-technik V | Mechanik Tutorium | Mechanik V | Informatik Ü |
| Mechanik Ü | Elektro-technik Ü | Mathe Tutorium | Sport | Lernen |
| Einkaufen | Lernen | Lernen | Mathe Ü | Simulations-technik Ü |
| Konstruktion V | Putzen | Konstruktion Ü | Informatik V | |
| Lernen | Elektro-technik V | Sport | | |
| Sport | | | | |

Innerhalb der Vorlesungen und Übungen habe ich versucht so konzentriert wie möglich zuzuhören und mir ganz simpel mit Stift und Papier Notizen gemacht und mitgeschrieben. Besonders hervorgehoben habe ich dabei Hinweise zur Klausur und Tipps. Beim Mitschreiben von Rechnungen hat es sich für mich als sehr hilfreich erwiesen, diese mit eigenen Kommentaren zu versehen. Das hat es mir beim Nacharbeiten deutlich erleichtert zu verstehen, warum welche Rechenschritte durchgeführt wurden oder woher bestimmte Formelzeichen oder Zahlenwerte gekommen sind.

Diese Mitschriften und Notizen habe ich zu Hause für jedes Fach in einen speziellen Ordner abgeheftet und zu einem späteren Zeitpunkt zum Wiederholen des Stoffs genutzt. Besonders kurz vor der Klausurvorbereitung waren die aufgeschriebenen Hinweise extrem hilfreich. Dadurch war es mir möglich, die Schwerpunkte während der Vorbereitung auf die Klausur so zu legen, dass ich die mit höherer Wahrscheinlichkeit abgefragten Themenbereiche besonders intensiv lernte.

Gegen Ende des Semesters, wenn es auf die Klausuren zuging und man die Fächer besser einschätzen konnte, habe ich meine Übersichtsblätter um Lernstrategien erweitert. Wichtig dabei ist, die Lernstrategien an den festgelegten Zielen zu orientieren. Wenn du dir das Ziel gesetzt hast, eine

Klausur mit der Bestnote zu bestehen, deine Lernstrategie aber eher nach dem Motto „Hauptsache bestehen“ aufgebaut ist, wird es mit an Sicherheit grenzender Wahrscheinlichkeit ein Problem geben. Wie im Theoriekapitel beschrieben, können Lernstrategien sehr detailliert sein oder nur ein grobes Vorgehen beinhalten. Folgend eine beispielhafte Lernstrategie.

*Fach: Fertigungstechnik 1*

*Ziel: Bestehen mit einer Note von mindestens 1,3*

*Klausur: 13.9.*

*Strategie:*

- *02.09.: Vorlesung 1&2 und Übung 1&2 durcharbeiten*
- *03.09.: Vorlesung 3&4 und Übung 3&4 durcharbeiten*
- *04.09.: Vorlesung 5&6 und Übung 5&6 durcharbeiten*
- *05.09.: Karteikarten schreiben und Vorlesung 7 durcharbeiten*
- *06.07.: Übung 7, Vorlesung 8 und Übung 8 durcharbeiten*
- *07.09.: Vorlesung 9&10 und Übung 9&10 durcharbeiten*
- *08.09.: Vorlesung 11&12 und Übung 11&12 durcharbeiten*
- *09.09.: Pause*
- *10.09.: Altklausur 1, 2, 3 rechnen & Karteikarten lernen*
- *11.09.: Altklausuren 4,5 rechnen & Karteikarten lernen*
- *12.09.: Altklausuren 6,7 rechnen & Karteikarten lernen*

# Umsetzung

Kommen wir zum alles entscheidenden Teil, der Umsetzung. Mit hoher Wahrscheinlichkeit befindest du dich gerade nicht am Anfang des Semesters und kannst nicht alle im Theoriekapitel genannten Punkte chronologisch abarbeiten. Daher ist an dieser Stelle etwas Denkleistung gefordert, um herauszufinden, welche der folgenden Punkte du jetzt direkt umsetzen kannst.

- Wenn du dich doch am Anfang befindest, solltest du dir vorerst alle Fächer rausschreiben, die du belegen kannst/willst. Anschließend holst du dir Informationen über diese Fächer bzgl. ihres Schwierigkeitsgrades und der Klausurtermine ein. Hast du dies getan, nimmst du den Faktor deiner eigenen Belastung hinzu und entscheidest, welche Fächer, mit welchem Schwierigkeitsgrad und welchen Klausurterminen, du unter deiner gegebenen Belastung dieses Semester belegen möchtest.
- Egal ob du dich am Anfang des Semesters oder mittendrin befindest, eine Überprüfung deines Stundenplans ist notwendig. Überprüfe, ob es Veranstaltungen gibt, deren Besuch sich nicht lohnt oder ob du Lücken in deinem Plan findest, die du mit Standardaktivitäten füllen kannst, um diese Zeit sinnvoll zu nutzen. Dazu musst du prüfen, ob die Veranstaltung dir Fachkompetenzen vermittelt, dich interessiert und ob wichtige Hinweise zur Klausur gegeben werden. Schau dir deinen aktuellen Stundenplan genauer an und überlege, welche Veranstaltungen du rauswerfen kannst und/oder in welchen Lücken du noch andere Aktivitäten unterbringen kannst.
- Verfasse ein Übersichtsblatt für jedes Fach, welches du dieses Semester belegst. Sammle dazu Informationen zu der Struktur der Fächer, dem vorhandenen Material, Terminen und Erfahrungen anderer Studierender. Auf Basis dieses Übersichtsblattes und deinem persönlichen Ziel legst du anschließend eine Strategie fest,

wie du während des Semesters vorgehst, um dein Ziel unter den gegebenen Randbedingungen zu erreichen.

- Ist das Semester schon etwas weiter fortgeschritten, stellst du erneut eine Strategie auf, die dein konkreter Fahrplan für die Klausurvorbereitung ist. Auch diese Strategie musst du in enger Abstimmung mit den Randbedingungen und deinem Ziel festlegen.
- Abschließend ein Überblick über die genannten Umsetzungen in chronologischer Kurzform

✓ **Fächer wählen** (Kriterien: Termine, Schwierigkeitsgrad, eigene Belastbarkeit)

✓ **Stundenplan erstellen/anpassen** (Nicht zielführende Veranstaltungen im Verlauf des Semesters aussortieren; Lücken mit Standardaktivitäten füllen)

✓ **Übersichtsblatt** für jedes Fach **erstellen** (Termine, Struktur, Material, Erfahrungen anderer)

✓ **Lernstrategie** für Klausurvorbereitung **festlegen** (Anhand deines Ziels und der Randbedingungen)

# DER ALGORITHMUS FÜR KLAUSUREN

Die Phase während und kurz vor den Klausuren ist eine ganz besondere Zeit innerhalb eines Semesters. Die Bars werden leerer und die Bibliothek voller. Der kollektive Stresspegel steigt und Ärzte schreiben innerhalb von ein paar Wochen so viele Atteste wie sonst wahrscheinlich nicht im restlichen Jahr. Aber nicht nur für das Leben auf dem Campus ist es eine besondere Zeit, sondern auch für dich. Kurz vor den Klausuren ist ein besonderes Verhalten gefragt, um diese mit Bestnoten hinter dich zu bringen. Es bedarf extrem viel Disziplin und eine herausragende Konzentrationsfähigkeit, um diese Zeit optimal zu nutzen. Viele Professoren sind mit Sicherheit anderer Meinung, aber ich bin der Überzeugung, dass der Zeitraum kurz vor einer Klausur besonders entscheidend für das Endergebnis ist. Wenn ich vergleiche, wie viel Stoff ich an einem Tag kurz vor der Klausur gelernt bekomme und wie viel ich an einem normalen Tag während des Semesters schaffe, sehe ich einen deutlichen Unterschied. Die Klausur rückt näher, der Druck steigt, die Klausur ist in Sicht und man kann sich innerhalb des Fachs besser orientieren, wodurch die Ziele beim Lernen klarer werden, was einen wiederum dazu motiviert, sich auch abends noch mal an den Schreibtisch zu setzen. Umso näher man der Klausur kommt, desto besser ist auch abzuschätzen, wie der eigene Fortschritt ist und ob man sein Lerntempo anpassen muss, um das definierte Ziel zu erreichen.

Die Besonderheit beim Schreiben einer Klausur ist, dass das Wissen zu einem ganz bestimmten Zeitpunkt, an einem ganz bestimmten Ort und innerhalb von kurzer Zeit gebündelt auf den Punkt wiedergegeben werden muss. Während der Klausur bringt es nichts, ein Thema in der Theorie verstanden zu haben. Das Wissen muss zu diesem Zeitpunkt für einen konkreten Fall abgeliefert werden. Den Stoff also nur zu verstehen reicht nicht. Während der Klausur musst du deine volle Leistungsfähigkeit entfalten, damit sich die vielen Stunden am Schreibtisch auch lohnen und du dein Wissen zielführend einsetzen kannst.

Der Algorithmus für Klausuren beinhaltet ein Vorgehen zur systematischen Vorbereitung auf Klausuren sowie wichtige Tipps, wie du deine Lernzeit optimierst. Es geht um die richtige Organisation und Planung deines Tagesablaufs und die Einstellung der richtigen Umstände, um die Zeit, die du mit Lernen verbringst, so effizient wie möglich zu gestalten. Weiter wird konkret auf den Tag der Klausur eingegangen. An diesem Tag gibt es ein paar Fehler, die du dringend vermeiden solltest, um während der Klausur dein volles Potenzial entfalten zu können. Zum Abschluss des Theoriekapitels gibt es einen kleinen Exkurs bezüglich der Vor- und Nachteile des Lernens in einem Lernraum. Wie gewohnt wird im Praxiskapitel beschrieben, wie ich die Theorie konkret angewendet habe und im Umsetzungskapitel kurz und knackig zusammengefasst, wie du das Gelesene umsetzen kannst.

# Theorie

Eine wichtige Lektion, die ich erst viel zu spät im Studium gelernt habe, ist es, sich Termine nicht in die Klausurenphase zu legen. Das können ganz simple Standardtermine wie Arztbesuche oder Friseurtermine sein. Wenn diese jedoch zwei Tage vor einer wichtigen Klausur liegen und man seine produktive Lernphase deshalb für eine Stunde unterbrechen muss, kommt dieser Stunde eine deutlich höhere Wichtigkeit zu, als man es zuvor beim Ausmachen des Termins gedacht hatte. Deshalb ist es enorm wichtig, rechtzeitig daran zu denken, Termine nicht in die Klausurenphase zu legen. Man muss sozusagen schon während des Semesters dafür sorgen, dass man in der Klausurenphase den Rücken frei hat. Deshalb ist es auch so wichtig, sich frühzeitig über die Prüfungstermine zu informieren, damit man rechtzeitig planen kann, sich die entsprechenden Tage freizuhalten. Am besten trägst du die Prüfungstermine direkt in deinen Kalender ein, damit du beim Vereinbaren eines Termines direkt sehen kannst, wann eine Klausur ist und dir die entsprechenden Tage vorher freihältst.

Wenn du alle vorher beschriebenen Schritte befolgt hast, sollten dir zu Beginn der Klausurenphase eigentlich schon alle Unterlagen der einzelnen Fächer vorliegen. Trotzdem ergibt es Sinn, vor Beginn der Lernphase noch mal zu überprüfen, ob man alle Materialien, die für ein Fach zur Verfügung gestellt werden, beisammenhat. Nur mit vollständigen Unterlagen kann man sich wirklich gut auf eine Klausur vorbereiten.

Was mir in intensiven Lernphasen, die sich über mehrere Tage oder Wochen gezogen haben, extrem geholfen hat, war ein geregelter Tagesablauf. Eine Routine, die dabei unterstützt, leistungsfähig und motiviert zu bleiben und die einen ebenfalls dabei unterstützt, dass man das, was man sich vorgenommen hat, auch geschafft bekommt und nicht alles solange aufschiebt, bis es zu spät ist. Am Anfang mag es mit etwas Mühe verbunden sein, sich einen Tagesablauf zurechtzulegen, der den eigenen Bedürfnissen und Vorlieben entspricht und es dauert auch etwas, bis ein Tagesablauf zur

Routine wird, aber dann ist er ein sehr wichtiges Werkzeug für ein erfolgreiches Studium.

Durch einen routinierten Tagesablauf kannst du systematisch dafür sorgen, dass du alle Faktoren wie Sport, Ernährung oder die Nutzung deiner besonders aufnahmefähigen Tageszeiten auf Erfolg einstellst. Im Optimalfall musst du überhaupt nicht mehr aktiv darüber nachdenken, wie du dein Potenzial am besten nutzt und in der Zeit vor den Klausuren am meisten geschafft bekommst, weil dein Tagesablauf automatisch dafür sorgt.

Menschen sind Gewohnheitstiere. Als Ingenieur sollte es dir aber widersprechen, etwas wieder und wieder auf die gleiche Weise zu tun, wenn noch Optimierungspotenzial besteht. Daher ist es gut, eine Tagesroutine als Gewohnheit zu haben. Du solltest aber darauf achten, diese mit der Zeit zu verbessern, wenn dir Punkte auffallen, die Optimierungspotenziale bieten. Am besten hältst du deine Tagesroutine schriftlich fest. Dadurch gehst du mit dir selbst eine stärkere Verpflichtung ein, als wenn deine Tagesroutine nur ein Gedankenkonstrukt ist. Durch die Verschriftlichung wird sie zu einem realen Objekt, das schwarz auf weiß manifestiert ist. Meine eigene Tagesroutine hat sich im Verlauf des Studiums oft geändert, bis ich gegen Ende meines Masterstudiums eine Routine gefunden hatte, mit der ich wirklich vollkommen zufrieden war. Die ganzen Iterationsschritte werde ich dir allerdings ersparen und stelle daher nur die endgültige Tagesroutine im Praxisteil vor. An dieser kannst du dich beispielsweise orientieren und dir nach dem Lesen des Umsetzungskapitels deine eigene Tagesroutine zulegen.

Irgendwann ist es so weit und der Tag der Klausur bricht an. Wenn du bis zu diesem Tag alles richtig gemacht hast, solltest du dich darüber freuen, dass der Tag endlich gekommen ist und du die Lorbeeren für die ganze Arbeit einsammeln kannst. Es kommt eher selten vor, dass man sich perfekt vorbereitet fühlt, aber wenn du routiniert deinen Lernplan durchgearbeitet hast, solltest du selbstbewusst vor dem Hörsaal stehen, mit der Gewissheit, dass du gut vorbereitet bist. In den folgenden Absätzen werde ich ein paar grundsätzliche Punkte aufzeigen, die am Tag der Klausur zu beachten sind, um das Gelernte auch optimal umsetzen zu können.

Leichter gesagt als getan, aber du solltest den Tag entspannt angehen und dich nicht schon direkt nach dem Aufstehen stressen. Wenn die Klausur nicht morgens geschrieben wird, schlaf aus und mach dir einen ruhigen Morgen. Steh gemütlich auf, trink einen Kaffee und frühstücke was Leckeres. Wenn du nach dem Frühstück noch Zeit hast, solltest du Dinge tun, bei denen du deinen Kopf nicht anstrengen musst, die dich aber aktiv halten. Geh einkaufen, putz deine Wohnung oder mach einen Spaziergang. Lenk dich ab, damit du gar nicht die Möglichkeit hast, zu viel nachzudenken und nervös zu werden. Pass aber auf, dass du es nicht übertreibst und zu intensiv Sport machst, deine Steuererklärung kontrollierst oder sonstige Tätigkeiten ausübst, die dich körperlich oder geistig belasten. Zum Zeitpunkt der Klausur solltest du 100 % fit sein.

Was du auf gar keinen Fall tun solltest, ist am Tag der Klausur noch zu lernen oder noch schlimmer, kurz vor der Klausur beim Warten vor dem Hörsaal noch in deinen Unterlagen zu blättern. In jedem Buch, in dem es um Leistung im Studium geht, steht es geschrieben und trotzdem wollen es viele Studierende nicht wahrhaben und tun es immer noch. Am Tag der Klausur noch mal zu lernen ist sinnlos, ob im Ingenieurwesen, Jura oder Philosophie. Du bist nervös und wirst dir sowieso nichts merken können und durch das Lernen sogar noch nervöser werden. Zusätzlich belastet dich das Lernen und reduziert deine Leistungsfähigkeit. Wenn du deinen Lernplan durchgezogen hast und auch wenn du ihn nicht ganz perfekt abgearbeitet hast, ist es nicht nötig, am Tag der Klausur zu lernen. Es bringt einfach Nichts. Wenn du es wirklich überhaupt nicht lassen kannst, kannst du mit ein paar Stunden Abstand zur Klausur deine Unterlagen noch mal überfliegen und über markierte Stellen drüber lesen, um dein Gewissen zu beruhigen. Mehr sollte es aber nicht sein.

Machen wir einen Sprung durch die Zeit, zu dem Moment wo du im Hörsaal sitzt und darauf wartest, dass die Klausuren ausgeteilt werden. In diesem Moment kannst du nichts mehr tun. Die Klausuren sind gedruckt, du sitzt im

Raum und um noch mehr zu lernen, ist es jetzt zu spät. Eine Kleinigkeit bleibt dir jedoch noch. Du kannst dich zurücklehnen, für einen kurzen Moment die Augen schließen und drei tiefe Atemzüge nehmen. Versuch dabei an rein gar nichts zu denken und die Schultern hängen zu lassen. Dein Körper und dein Kopf entspannen, dein Gehirn bekommt frischen Sauerstoff und du bist bereit, diese Klausur ins Jenseits zu befördern.

Auch was die Ernährung während der Klausur angeht, gibt es Einiges zu beachten. In den Klausuren habe ich immer wenig gegessen und getrunken. Vor allem innerhalb der ersten Stunde habe ich meist nur einen kleinen Schluck Wasser zu mir genommen. Wenn die Hälfte der Zeit rum war, ein Stück Schokolade und dann ca. 20 Minuten vor Schluss noch mal Schokolade. Dadurch habe ich meine Konzentrationsfähigkeit aufrechterhalten, ohne Gefahr zu laufen, aufgrund von zu viel Zucker in ein Leistungstief zu fallen oder aufgrund von zu viel Flüssigkeit auf Toilette zu müssen. Ich rate dir davon ab, während der Klausur Kaffee oder, noch schlimmer, Energydrinks zu trinken. Das Letzte was du während dieser stressigen Zeit brauchst, ist die Kombination aus Zucker und Koffein. Dadurch wirst du nur nervöser und unkonzentrierter. Der einzige Fall, in dem es eventuell sinnvoll sein könnte, auf koffeinhaltige Getränke zurückzugreifen, trifft ein, wenn du die Klausur fertig bearbeitet hast und noch ein bisschen Zeit zum Kontrollieren hast. Vor der Kontrolle, wenn dein Gehirn gefühlt nur noch aus Brei besteht, kannst du solche Getränke trinken, um das letzte bisschen Leistung raus zu holen und für die Nachkontrolle zu nutzen.

Wenn du die Klausur hinter dich gebracht hast, solltest du dich belohnen und den Rest des Tages entspannen. Egal ob die Klausur gut oder schlecht gelaufen ist, mit Freunden etwas Leckeres essen gehen kann entweder als Belohnung oder Ablenkung dienen und ist daher in jedem Fall eine gute Idee. Du kannst auch einen langen Spaziergang machen oder dich beim Sport richtig auspowern. Hauptsache du bekommst den Kopf frei, denkst an etwas anderes als die Klausur und baust den Stress ab, der sich in den letzten Stunden aufgebaut hat.

Ich rate auch absolut davon ab, nach dem Schreiben der Klausur noch für ein anderes Fach zu lernen. Ich bewundere dich, wenn du dich dazu motivieren kannst und die Motive dahinter sind durchaus nobel, aber langfristig gesehen halte ich das für keine gute Idee. Auch wenn es sich nicht immer so anfühlt, braucht der Körper und auch der Geist nach so einer stressigen Höchstleistung wie dem Schreiben einer Klausur Erholung. Gibst du ihm diese nicht, wird deine Leistungsfähigkeit auf lange Sicht darunter leiden. Du wirst es vielleicht nicht direkt merken, aber wenn du über einen längeren Zeitraum lernen musst, wird es sich hinten raus bemerkbar machen, wenn du dir keine Zeit zum Erholen gelassen hast. Für diese Erholung gibt es keinen besseren Zeitpunkt als nach dem Schreiben einer Klausur. Der Tag ist bereits halb vorbei und dein Gehirn in seiner Leistungsfähigkeit drastisch reduziert, also versuche nicht, irgendwie noch mehr Stoff aufzunehmen, sondern nutze die Gelegenheit, um dich zu regenerieren.

Da du im Praxiskapitel gleich lesen wirst, dass ich zum Lernen in meiner Tagesroutine Lernräume benutzt habe, möchte ich noch kurz auf das Lernen im Lernraum im Vergleich zum Lernen zu Hause eingehen. Ich habe mich fast von Beginn des Studiums an viel in Lernräumen der Universität aufgehalten und auch mit Lerngruppen war ich meist in dort.

Das Thema Lernraum passt zwar nicht perfekt in den Algorithmus für Klausuren, aber ich halte es trotzdem für sinnvoll, es an dieser Stelle zu erwähnen. Für mich haben Lernräume ein paar entscheidende Vorteile. Der Größte davon ist wohl, dass man sich nicht von Kleinigkeiten ablenken lässt. Vielleicht hast du schon selber gemerkt, dass man zu Hause lauter Kleinigkeiten wie Putzen, Wäsche machen, E-Mails schreiben oder anderes findet, die einen super vom Lernen ablenken können. Im Lernraum sind die Ablenkungen drastisch reduziert. Weiter herrscht dort eine besondere Atmosphäre, da alle (oder zumindest die meisten...) dort sind, um zu lernen. Ein weiterer für mich persönlich riesiger Vorteil ist, dass man vor die Tür kommt. Wenn ich den ganzen Tag zu Hause gelernt habe, konnte es durchaus Tage geben, an denen ich gar nicht oder nur zum Einkaufen vor die Tür gekommen bin. An solchen Tagen fällt mir auch heute noch die Decke auf den Kopf und ich fühle mich unwohl. Das Lernen im Lernraum fühlt sich dagegen wie ein Arbeitstag an. Man verlässt morgens das Haus und kommt nachmittags wieder. In den meisten Fällen ist das Lernen für den Tag abgeschlossen, sobald man die Wohnungstür durchschreitet, was dabei hilft, im Kopf einen Schalter umzulegen und abzuschalten. Ob es für dich Sinn ergibt, einen Lernraum aufzusuchen, hängt davon ab, wie fokussiert und zufrieden du zu Hause lernen kannst. Ich konnte es nicht und habe mir durch Lernräume Abhilfe verschafft. Ich kenne aber auch genug Leute, die lieber zu Hause lernen und damit sehr erfolgreich sind. Am besten probierst du beides aus und findest heraus, was für dich am besten funktioniert.

# Praxis

Das Wichtigste aus diesem Kapitel, was du auf jeden Fall mitnehmen solltest, ist die Notwendigkeit einer gut funktionierenden Tagesroutine in der Klausurenphase. Deshalb zeige ich dir folgend, wie ein typischer Tag bei mir aussah, wenn ich mich kurz vor einer Klausur befunden habe.

- 08:00 – Lernstart im Lernraum
- 09:30 – Erste Pause mit einem Kaffee und Nüssen (ca. 20 min)
- 11:45 – Mittagspause mit Mittagessen (ca. 60 min)
- 14:30 – Nachmittagspause mit einem Tee (ca. 20 min)
- 16:00 – Verlassen des Lernraum
- 20:00 – 21:30 – Auswendiglernen oder Notizen durchlesen

Nach 16:00 Uhr habe ich Dinge erledigt, die wir alle tun müssen, wie Aufräumen oder Einkaufen. Nur wenn es wirklich notwendig war, habe ich um 20:00 Uhr noch mal angefangen zu lernen, wobei ich spät abends keine Aufgaben mehr gerechnet habe, sondern beispielsweise Karteikarten gelernt oder mir meine Notizen noch einmal durchgelesen habe. Den restlichen Tag habe ich mit Aktivitäten verbracht, die mir dabei helfen zu entspannen und die nichts mit der Uni zu tun haben. Für mich war Sport machen oder spazieren gehen immer eine sehr gute Möglichkeit, um zu entspannen. Hier sind deiner Fantasie jedoch keine Grenzen gesetzt.

Wir hatten ebenfalls darüber diskutiert, wie man den Tag einer Klausur gestaltet, weshalb ich auch für solche Tage ein Beispiel aus meiner Studienzeit anführen möchte. Für dieses Beispiel gehen wir davon aus, dass die Klausur um 11 Uhr geschrieben wird.

- Aufstehen ohne Wecker
- Entspanntes Frühstück
- Aufräumen

- Frühzeitig zur Uni aufbrechen und den Weg als einen Spaziergang gestalten
- Klausur schreiben
- Mit Freunden Essen gehen
- Abends einen Film oder eine Serie gucken

Bei der aufgezeigten Tagesroutine und dem Tag der Klausur handelt es sich um Beispiele. Sie sollen verdeutlichen, wie man die Tage vor Klausuren und die Tage, an denen Klausuren geschrieben werden, gestalten kann, damit sie dich systematisch dabei unterstützen, Spitzenleistung zu bringen. Jeder Mensch ist anders und hat andere Vorlieben und Hobbys, weshalb deine Tagesroutine sicher anders aussehen wird, aber das Prinzip dahinter bleibt gleich.

# Umsetzung

Es geht wieder an die Umsetzung. Du bist gefordert, das Gelesene in die Tat umzusetzen. Es mag Dinge geben, die in diesem Buch beschrieben werden, denen du skeptisch gegenüberstehst. Ich empfehle dir trotzdem, sie erst einmal auszuprobieren und dann dein Urteil zu fällen. Was hast du zu verlieren?

- Prüfe deinen Kalender, ob du kurz vor Klausuren, in dem Zeitraum, in dem du intensiv mit Lernen beschäftigt bist, irgendwelche Termine hast. Findest du Termine, versuche diese zu verschieben, um dir den Rücken freizuhalten und dich vollkommen auf das Lernen konzentrieren zu können.
- Check für jedes Fach, ob du alle notwendigen Materialien zusammen hast. Mit unvollständigen Unterlagen kann man sich nicht wirklich gut auf eine Klausur vorbereiten.
- Entwirf deinen eigenen Tagesplan für die Klausurenphase. Tu dies nicht nur in deinem Kopf, sondern schreib ihn auf. Deine Routine muss nicht beim ersten Anlauf perfekt sein. Du kannst sie jederzeit verbessern, wenn dir bei der Durchführung Optimierungspotenziale auffallen.

# DER ALGORITHMUS FÜR WISSENSCHAFTLICHE ARBEITEN

Zum Glück besteht das Studium nicht nur aus Klausuren, sondern auch aus wissenschaftlichen Arbeiten, die man unter der Betreuung eines Professors oder wissenschaftlichen Mitarbeiters anfertigt. Diese wissenschaftlichen Arbeiten, wie Bachelor- oder Masterarbeiten, bieten ein enormes Potenzial, um die Gesamtnote deines Abschlusses zu verbessern. Wissenschaftliche Arbeiten haben in der Regel einen großen Anteil an der Endnote und erfordern völlig andere Kompetenzen als das Schreiben von Klausuren. Hier bietet sich die Chance auf sehr gute Noten, auch wenn man kein Überflieger in Mathematik oder Profi im Auswendiglernen ist.

Der Algorithmus für wissenschaftliches Arbeiten ist mir ein besonderes Anliegen, da ich dieses Thema sowohl als Student, als auch als Betreuer betrachten kann. Während meiner Studienzeit musste ich drei wissenschaftliche Arbeiten schreiben, wodurch ich viel gelernt habe. Ebenfalls viel, aber aus einer anderen Perspektive, lerne ich aktuell, während ich als wissenschaftlicher Mitarbeiter Studierende bei der Anfertigung von wissenschaftlichen Arbeiten betreue.

# Theorie

An meiner Universität ist es grundsätzlich so, dass wissenschaftliche Mitarbeiter an Instituten der Hochschule Abschlussarbeiten ausschreiben und man die Webseiten der Institute abklappert, wenn man eine Abschlussarbeit sucht. Dann nimmt man per E-Mail Kontakt auf und vereinbart ein Gespräch. Man ist also nicht wirklich frei in der Themenwahl, kann aber schon gut in die Richtung gehen, die einen persönlich interessiert. Wenn du dein Thema freier wählen kannst, empfehle ich dir trotzdem dringend, dieses Kapitel zu lesen. Auch wenn man sich sein Thema selber sucht, muss man ein passendes Gesamtpaket für die Arbeit finden.

Das erste Auswahlkriterium ist natürlich das Themengebiet. Kein Fahrzeugtechniker hat Interesse daran, eine Arbeit über die Simulation von Zerspanprozessen zu schreiben. Vorerst solltest du dir also ein Themenfeld aussuchen, bei dem du dir vorstellen kannst, die nächsten Monate darin zu versinken. In diesem Themenfeld schaust du dich nun um und suchst nach Abschlussarbeiten, die dich von der Thematik her interessieren. Du wirst schnell feststellen, dass viele Abschlussarbeiten so spezielle Themen behandeln, dass du überhaupt nicht weißt, ob sie dich interessieren oder nicht. Das liegt daran, dass Abschlussarbeiten immer einen sehr spezifischen Bereich von einem spezifischen Thema behandeln. Es ist aber überhaupt nicht schlimm, wenn du nicht genau sagen kannst, welche Abschlussarbeit dich am meisten interessiert, denn das Thema ist nicht das alleinige Entscheidungskriterium. Außerdem entsteht das Interesse sehr häufig, sobald man tiefer in die Materie eintaucht. Such dir also einen Themenbereich, den du interessant findest, aber schließ nicht direkt zu viele Arbeiten aus. Wie gesagt, das Interesse kommt mit dem Wissen und der Zeit. Das Thema sollte auf keinen Fall das einzige Entscheidungskriterium sein, denn dann kannst du übel auf die Nase fallen.

Hast du ein Themengebiet festgelegt, auf das du dich konzentrieren willst und optimaler Weise die Arbeiten innerhalb dieses Gebietes schon rausgesucht, musst du dir die Frage stellen, was für eine Art von Arbeit du schreiben willst. Im Ingenieurbereich kannst du praktische Arbeiten schreiben, in denen du Versuche durchführst und die Ergebnisse dokumentierst und auswertest. Du kannst simulieren oder theoretische Arbeiten schreiben, in denen du Modelle und Methoden entwickelst, sowie den Stand der Technik eines Themengebietes aufarbeitest. Nichts davon ist besser oder schlechter als das Andere, aber alles hat seine Vor- und Nachteile.

Praktische Arbeiten sind sehr anwendungsbezogen und es geht in erster Linie nicht darum, besonders viel zu schreiben. Der Vorteil ist, dass praktische Versuche sehr viel Spaß machen können und der Aufwand für die Verschriftlichung der Arbeit relativ gering ist. Der Nachteil ist die schlechte Planbarkeit des Zeitaufwandes. Bei praktischen Versuchen kann und wird immer etwas nicht so funktionieren wie geplant und das kann im Zweifelsfall extrem viel Zeit kosten. Dagegen passiert bei theoretischen Arbeiten wenig Unvorhergesehenes und ein fest definierter Zeitplan kann mit höherer Wahrscheinlichkeit eingehalten werden. Der Nachteil ist jedoch, dass die Recherche und das Verschriftlichen deutlich mehr Aufwand bedeuten und die Arbeit dadurch Gefahr läuft, dich irgendwann zu langweilen. Eine simulative Arbeit liegt genau dazwischen. Bei der Simulation kann natürlich auch einiges falsch laufen, aber die Wahrscheinlichkeit, dass etwas nicht klappt und der Zeitaufwand zur Behebung von Fehlern ist im Vergleich zu praktischen Arbeiten reduziert. Natürlich fehlt auch hier, wie bei theoretischen Arbeiten, ein bisschen der Anwendungsbezug, denn simuliert wird am Computer, nicht in der Maschinenhalle. Weißt du, welche Art von Arbeit du schreiben oder auf keinen Fall schreiben möchtest, kommst du deiner Abschlussarbeit schon näher. Ich persönlich hatte mich darauf festgelegt, bei meiner Projektarbeit etwas Praktisches zu machen. Als Folge dessen war meine Bachelorarbeit theoretischer Natur und meine Masterarbeit tatsächlich eine Mischung aus beidem. Hast du dir ein Themengebiet ausgesucht und die Art der Arbeit festgelegt, oder du bist offen für alle drei Arten, gibt es noch ein weiteres, extrem unterschätztes Entscheidungskriterium für Abschlussarbeiten.

Schau dir den Betreuer der Arbeit ganz genau an. Damit meine ich nicht, ob er oder sie besonders attraktiv ist, sondern ob du dir vorstellen kannst, mit diesem Betreuer und in diesem Umfeld die nächsten Monate zu arbeiten. Durch die Wahl des Betreuers kannst du dir entweder eine Menge Steine in den Weg legen und das Schreiben der Arbeit zu einer unangenehmen Angelegenheit machen, oder aber eine Menge Türen öffnen und die Arbeit richtig interessant gestalten. Achte darauf, dass du mit deinem Betreuer menschlich gut klarkommst. Ihr müsst keine Best Buddies werden, aber ein gutes Verhältnis ist extrem förderlich, sowohl für den Spaß beim Arbeiten als auch für die Benotung der Abschlussarbeit.

Weiter habe ich die Erfahrung gemacht, dass es für den Verlauf der Arbeit förderlich ist, wenn der Betreuer ein klares Ziel vor Augen hat. Das kannst du in einem Gespräch erfragen, aber auch aus seinen Erläuterungen raushören. Es erleichtert das Arbeiten sehr, wenn dein Betreuer weiß, wo er hinwill und dich nicht try and error mäßig Zeit verschwenden lässt, um dann im Nachhinein doch wieder alles über den Haufen zu werfen. Es ist kein K.O.-Kriterium, aber ich empfehle ebenfalls, dich nicht von jemandem betreuen zu lassen, der zum ersten Mal eine Abschlussarbeit betreut. Das ist zwar etwas egoistisch, denn irgendwer muss immer der Erste sein, aber du hast sowohl inhaltlich als auch notenmäßig hohe Ansprüche an deine Abschlussarbeit und die werden grundsätzlich besser durch Betreuer erfüllt, die schon etwas Erfahrung mitbringen.

Wenn du menschlich gut mit dem Betreuer klarkommst, er eine klare Zielvorstellung und bereits ein paar Arbeiten betreut hat, rate ich dir, die Art der Betreuung anzusprechen. Manche Betreuer lassen dir quasi bis zur Abgabe freien Lauf, was definitiv keine positive Eigenschaft ist. Andere nehmen die Definition des Wortes Betreuer ernster und stehe dir mit Rat und Tat zur Seite. Der zweite Typ ist mir deutlich lieber, da eine enge Abstimmung dazu führt, dass der Inhalt der Arbeit so ist, wie der Betreuer ihn haben will, was sich zwangsläufig in der Note widerspiegelt. Schön ist es beispielsweise, wenn man einen wöchentlichen Regeltermin hat, bei dem man den aktuellen Fortschritt, Probleme und Pläne besprechen kann. Das hilft extrem, um Fehler früh zu erkennen und auf der richtigen Spur zu bleiben. Achte also darauf, dass dein Betreuer und du die gleichen Vorstellungen von der tatsächlichen Betreuung der Arbeit habt.

Zusammenfassend findest du die richtige Arbeit, wenn du dir ein Themengebiet aussuchst, das dich interessiert, dich aber nicht bereits am Anfang der Suche zu stark einschränkt. Wenn du, basierend auf deinen Bedürfnissen, festlegst, ob du eher eine praktische, theoretische oder simulative Arbeit schreiben willst und du überprüfst, ob du mit deinem Betreuer menschlich zurechtkommst und das Gefühl hast, von ihm gut betreut werden zu können.

Eine gute Note gibt es nicht für eine besonders schön geschriebene Arbeit, sondern nur für ein überzeugendes Gesamtpaket. Es geht nicht nur um das Geschriebene, sondern um dein gesamtes Verhalten während der Erstellung der Arbeit. Es geht um Selbstständigkeit, Problemlösungsverhalten, Zuverlässigkeit und noch einige andere Punkte. Im Folgenden werde ich auf die wichtigsten Punkte eingehen, die du beachten musst, um deinen Betreuer von den Socken zu hauen und dir systematisch eine sehr gute Note zu erarbeiten.

Als Erstes musst du dich orientieren und herausfinden, was für deinen Betreuer eine „sehr gute" Arbeit ausmacht. Da er dir das in den meisten Fällen nicht direkt sagen wird, solltest du nach alten Abschlussarbeiten fragen, die ihm gut gefallen haben. An diesen Arbeiten kannst du dich in mehrfacher Hinsicht orientieren. Ein riesen Vorteil ist es beispielsweise, eine alte Arbeit zu haben, an deren Format du dich orientieren kannst. Wie wird zitiert? Wie groß ist der Zeilenabstand in Aufzählungen? Wann füge ich ein Unterkapitel hinzu? All diese Fragen kannst du sehr zeiteffizient beantworten, indem du in alte Abschlussarbeiten reinschaust. Das spart dir nicht nur Zeit, sondern auch deinem Betreuer, der dankbar und positiv überrascht sein wird, dir nicht all die Standardfragen beantworten zu müssen. Wenn deine und eine alte Arbeit sich thematisch im gleichen Umfeld bewegen, ist es auch möglich, sich an der Struktur der Arbeit zu orientieren. Schau dir an welche Kapitel es gibt und wie diese angeordnet sind. Weiter macht es Sinn, sich das Design der Arbeit anzugucken und

Elemente, die dir gefallen, zu übernehmen. Das Design der alten Arbeit findet bewiesenermaßen bei deinem Betreuer Zustimmung, also macht es Sinn, sich an diesem anzulehnen und es an der ein oder anderen Stelle noch zu verfeinern. Wie du siehst, ist es extrem hilfreich, eine gute Arbeit als Vorlage zu haben. Scheu dich also nicht deinen Betreuer danach zu fragen und dich an Format, Struktur und Design der Arbeit zu orientieren.

Neben dem Lesen alter Abschlussarbeiten gibt es auch noch einen anderen Weg, um herauszufinden, was deinem Betreuer wichtig ist. Du kannst ihn direkt fragen. Das kannst du sowohl mündlich als auch schriftlich machen. In den allermeisten Fällen wird dein Betreuer von der Frage etwas überrascht sein, sie dir dann aber mit größtem Vergnügen beantworten, denn er hat schließlich auch viel davon, wenn du genau weißt, was er von dir erwartet. Grundsätzlich sollte eine Abschlussarbeit immer eine Win-win-Situation sein. Du schreibst eine Abschlussarbeit die dir Spaß macht und deinen Notenschnitt hochkatapultiert und dein Betreuer erhält eine gute wissenschaftliche Arbeit, die ihn in seiner Forschung vorwärtsbringt. Daher solltest du deinen Betreuer einfach fragen, was ihm bei der Arbeit sowohl inhaltlich, als auch formal sowie von der Arbeitsweise her besonders wichtig ist. Optimal ist es, wenn du diese Frage per E-Mail stellst und eine schriftliche Antwort erhältst. Die Antwort kannst du im Verlauf der Zeit wieder und wieder lesen, um dich zurück auf die richtige Spur zu bringen, falls du mal etwas ins Schwanken geraten bist.

Wie gesagt, geht es nicht nur darum, am Ende einen schönen Text abzuliefern, sondern das Gesamtpaket muss stimmen. Eine große Bedeutung hat dabei die Art und Weise, wie du arbeitest. Du musst proaktiv mitarbeiten und solltest dir nicht alles von deinem Betreuer vorgeben lassen. Vergiss nicht, dass es deine Arbeit ist, nicht die deines Betreuers. Bring dich aktiv in die Gestaltung ein, indem du Vorschläge machst, diskutierst und dir selber Gedanken machst. Sich stur von Aufgabe zu Aufgabe zu hangeln, ohne zu hinterfragen, ist Standard und Standard gibt auch nur Standardnoten. Ob jemand aktiv mitarbeitet oder sich nur treiben lässt, erkennt man am einfachsten, wenn es ein Problem gibt. Ein normaler Abschlussarbeiter trifft auf das Problem und konfrontiert seinen Betreuer, in der Hoffnung und Erwartung, dass er dieses löst. Ein exzellenter Abschlussarbeiter hingegen trifft auf das Problem, analysiert die Ursache, überlegt Lösungsvorschläge und konfrontiert dann seinen Betreuer mit einer Strategie, wie das Problem zu lösen ist. Wenn du mit Lösungsvorschlägen bewaffnet in Diskussionen startest, ist es etwas Positives viel Rücksprache zu halten. Erwartest du immer nur fertige Lösungen von deinem Betreuer, fällt die Rücksprache negativ auf.

Arbeite mit deinem Betreuer zusammen und arbeite nicht alles alleine in deinem stillen Kämmerchen aus. Sich immer wieder abzustimmen hilft dabei einen Output zu erzeugen, mit dem du zufrieden bist und dein Betreuer auch, damit sich das schlussendlich auch in der Note widerspiegelt. Dabei hilft beispielsweise ein wöchentlicher Regeltermin, bei dem du deinen Fortschritt vorstellst, Probleme und Lösungsvorschläge lieferst und ihr anschließend diskutiert, wie es weitergeht. Wenn dein Betreuer es anbietet, ist es auch extrem hilfreich, ab und zu Zwischenstände deiner Arbeit zur Korrektur abzugeben. So kann sich dein Betreuer bereits ein Bild von dem machen, was du bisher geschrieben hast und dich auf Fehler hinweisen, die du dann frühzeitig korrigieren kannst. Außerdem erhält er so die Chance, dich in eine andere Richtung zu lenken, falls dein Kurs nicht exakt dem entspricht, was er erwartet.

Bei Zwischenabgaben ist unbedingt zu beachten, dass es nur um die Korrektur inhaltlicher Dinge geht. Wenn du etwas abgibst, sollte es sowohl hinsichtlich der Darstellung als auch auf Rechtschreibung, Grammatik und Zeichensetzung hin bereits durchkorrigiert sein. Es gibt wenig Peinlicheres, als einen Zwischenstand zurückzubekommen, der voller Rechtschreibfehler ist. Es wird auch deinem Betreuer bitter aufstoßen, wenn er viel Zeit damit verbringen muss, deine Rechtschreibung zu korrigieren. Eine schlampige Ausarbeitung wirft auch ein schlechtes Licht auf den Inhalt. Korrigiere deine Texte sorgfältig und lass sie noch mal von einem Freund oder Verwandten kontrollieren, bevor du diese deinem Betreuer abgibst.

Jede Abschlussarbeit hat ein Abgabedatum und dieses Datum ist nach der offiziellen Anmeldung der Arbeit fix. Deshalb solltest du einen Zeitplan aufstellen. Oft machen Abschlussarbeiter zu Beginn der Arbeit zu wenig oder verlieren sich in Details, sodass am Ende einige Nachtschichten anstehen, die nicht wirklich zu guten Ergebnissen führen. Um das zu verhindern, musst du dir einen Zeitplan aufstellen, wann du was geschafft haben willst. Natürlich kannst du am Anfang nicht alles perfekt abschätzen und es gibt, vor allem bei praktischen Arbeiten, immer Unsicherheiten. Deshalb musst du deinen Plan immer wieder anpassen. Je weiter du fortschreitest, desto sicherer wird dein Zeitplan. Er hilft dir dabei, zu überblicken, was du bereits geschafft hast, was noch ansteht und wie viel Zeit du dafür noch hast. Ich nutze dafür einen Ganttchart, weil diese Darstellung sich meiner Meinung nach hervorragend für Abschlussarbeiten eignet. Wenn du Ganttcharts nicht kennst, bitte ich dich, an dieser Stelle Dr. Google zu befragen. Bring deinen Zeitplan zu jeder Besprechung mit deinem Betreuer mit. Er hat mehr Erfahrung und sollte dir sagen können, wenn du für eine Aufgabe mehr oder weniger Zeit benötigst, als du eingeplant hast. Außerdem weiß dein Betreuer dadurch immer genau in was für einer Phase der Arbeit du gerade bist. Es kommt häufig vor, dass Betreuer keinen Überblick haben, wann die Arbeit eigentlich abgegeben werden muss und einfach bei jedem Regeltermin neue Ideen haben, die sie gerne in der Arbeit umgesetzt hätten. Liegt dein Zeitplan hingegen bei jedem Treffen sichtbar auf dem Tisch, kann er besser einschätzen, ob er dir noch neue Aufgaben gibt oder der bestehende Inhalt optimiert wird. Ein weiterer Vorteil: Wenn du den Zeitplan mit zu den Treffen nimmst, kannst du direkt mit deinem Betreuer Anpassungen vornehmen, wenn es zu Änderungen im Ablauf kommt. Ein Zeitplan ist wirklich unglaublich wichtig, um die Übersicht zu behalten und nicht gegen Ende in den Panikmodus übergehen zu müssen.

Schreibst du deine Abschlussarbeit zu Hause, im Institut, auf dem Klo, im Zug oder doch im Lernraum? Wahrscheinlich eher zu Hause oder im Institut. Wie schon in der Klausurenphase, ist es natürlich auch hier individuell, wo man sich am besten konzentrieren und schreiben kann, aber meiner Erfahrung nach solltest du so viel Zeit wie möglich im Institut verbringen. Falls das Institut Räume für Abschlussarbeiter und Hiwis anbietet, macht es Sinn, diese zu nutzen. Du zeigst Präsenz und dein Betreuer kann tatsächlich sehen, dass du viel Zeit in die Arbeit investierst. Eigentlich sollte das keinen Einfluss auf die Note haben, aber ich glaube schon, dass die Wahrnehmung deines Betreuers eine andere sein wird, wenn er dich täglich arbeiten sieht, als wenn du nur erscheinst, wenn es etwas zu besprechen gibt. Während ich meine Projektarbeit geschrieben habe, habe ich dieses Angebot nicht genutzt. Bei der Bachelor- und Masterarbeit hingegen schon. Der mit Abstand größte Vorteil, den du nicht unterschätzen solltest, ist, dass im Institut um dich herum andere Abschlussarbeiter sitzen, die dir extrem wichtige Tipps geben können. Jeder kennt es, du drückst aus Versehen irgendeine Taste und Microsoft Word zerschießt dir die komplette Formatierung deiner Arbeit. Oder du suchst eine Funktion bei Word, die du einfach nicht findest. Solche Probleme können dich alleine ganze Stunden kosten oder eben nur wenige Minuten, wenn du jemanden Fragen kannst und er dir eine nützliche Antwort gibt, weil er das Problem selber schon hatte. Das sind nur Beispiele, aber es werden hunderte von kleinen Fragen aufkommen, bei denen du unglaublich dankbar sein wirst und eine Menge Zeit sparst, wenn du jemanden hast, den du fragen kannst. Der Kontakt zu anderen Abschlussarbeitern erleichtert dir das Leben um Einiges. Ich habe meine Abschlussarbeiten wie einen Job behandelt und bin immer von morgens bis nachmittags im Institut gewesen. Dadurch habe ich dort Mitstreiter gefunden, mit denen ich immer zusammen Mittagessen gegangen bin. Wir haben uns gegenseitig geholfen und viel zusammen gelacht, was das Schreiben deutlich angenehmer gestaltet hat, als alleine zu Hause am Schreibtisch zu sitzen. Es ist also auch aus sozialer Sicht vorteilhaft, sich während der Abschlussarbeit nicht zu Hause einzuschließen. Natürlich musst du nicht jeden Tag im Institut verbringen. Du kannst dir auch feste Tage definieren, an denen du im Institut schreibst und an den anderen schreibst du von zu Hause aus.

Ich hatte schon beschrieben, dass eine Abschlussarbeit für dich und deinen Betreuer eine Win-win-Situation sein sollte. Er bekommt ausgearbeitete Forschungsergebnisse und du gewinnst an Erfahrung, hast Spaß an der Arbeit und bekommst eine gute Note. Damit das funktioniert, müssen sich aber beide Seiten korrekt verhalten. Du musst das tun, was dein Betreuer von dir verlangt, damit er die Ergebnisse tatsächlich nutzen kann, und er muss dafür sorgen, dass du eine klare Aufgabe hast und der Rahmen der

Arbeit nicht völlig gesprengt wird. Leider kommt das Zweite in der Realität relativ selten vor. Häufig haben Betreuer keinen guten Überblick über die Inhalte, die bereits in der Arbeit vorhanden sind und wollen immer noch dies und das oder jenes in die Arbeit rein haben. Das kann dazu führen, dass der rote Faden in der Arbeit verloren geht oder der Fokus mehr in Richtung Quantität statt Qualität rutscht. Beides ist nicht wünschenswert und gilt es zu verhindern. Das macht man durch gut begründetes „Nein" sagen. Da das gar nicht so einfach ist, kann es sein, dass man erst einmal lernen muss, wie man ein gutes und klares „Nein" rüberbringt.

Das Nein muss überzeugend begründet sein und selbstbewusst ausgesprochen werden, damit dein Betreuer merkt, dass du dir ernsthafte Gedanken gemacht hast und die Entscheidung, dieses Thema nicht mit in die Arbeit zu nehmen, sowohl für dich als auch für ihn vorteilhaft ist. In der Praxis empfehle ich dir folgendes konkretes Vorgehen: Wenn dein Betreuer in einer Besprechung signalisiert, dass ein bestimmter Punkt noch in der Arbeit untergebracht werden soll, notierst du dir genau was er meint und antwortest, dass du das spontan nicht überblicken kannst und darüber nachdenken wirst. Das tust du dann auch. Wenn du keine guten Argumente findest, warum der besprochene Punkt nicht mit in die Arbeit soll, muss er mit rein. Falls du triftige Argumente findest, schreib sie auf und erläutere sie deinem Betreuer beim nächsten Treffen. Achte darauf, dass du dir auch Gedanken zu Rückfragen deines Betreuers machst, dir also überlegst, was er auf deine Argumente antworten könnte. Der Fokus deiner Argumente muss ganz deutlich darauf liegen, warum es für ihn ebenfalls nicht von Vorteil ist, wenn du den Punkt noch in die Arbeit mit aufnimmst. Wenn du fundiert argumentierst, dass es für dich und deinen Betreuer nicht von Vorteil ist, den besprochenen Punkt in die Arbeit mit aufzunehmen, und auf Gegenargumente bedacht kontern kannst, wird dein Betreuer deine Entscheidung zufrieden akzeptieren und sie dir nicht negativ, sondern positiv auslegen. Achte darauf, nicht einfach „Nein" zu sagen, sondern richtig „Nein" zu sagen.

Ich möchte noch mal hervorheben, was zwischen den Zeilen schon deutlich geworden sein solle: Die gute Zusammenarbeit mit deinem Betreuer ist ein

Schlüsselelement. Stell Fragen, besprecht euch oft und diskutiert. Du musst genau wissen, was dein Betreuer erwartet und wie vorzugehen ist. Wenn ihr euch regelmäßig abstimmt und du dir immer wieder Feedback holst, kommst du nicht nur an ein Ziel, sondern an das richtige Ziel. Das Ziel, das auch das Ziel deines Betreuers ist. Wenn du das geschafft hast und eben nicht nur eine gute wissenschaftliche Arbeit, sondern ein überzeugendes Gesamtpaket abgeliefert hast, steht der Bestnote nichts mehr im Weg.

# Praxis

Ich Praxisteil dieses Kapitels berichte ich von meinen Erfahrungen bei der Erstellung der drei wissenschaftlichen Arbeiten, die ich während meines Studiums anfertigen musste. Der Aufwand für die Arbeiten ist konsekutiv gestiegen, die Herausforderungen und Probleme waren jedoch bei jeder Arbeit anders.

Die erste Arbeit war eine Projektarbeit, die im Team anzufertigen war und einem Umfang von ca. 4 Monaten entsprach, wobei nebenher noch weitere Univeranstaltungen zu besuchen waren. Es handelte sich um eine praktische Arbeit, bei der ein Verfahren zur Herstellung von Hybridgarn, der aus Glas- und Kunststofffasern bestand, untersucht werden sollte. Bei der Durchführung der Arbeit habe ich gelernt, dass bei praktischen Versuchen, egal wie sorgfältig sie geplant sind, häufig trotzdem irgendetwas nicht nach Plan verläuft. Wichtig ist, wie man in dieser Situation reagiert. Versucht man auf Teufel komm raus, den Fehler zu beheben, um mit allen Mitteln das geplante Ergebnis zu erreichen, wird die Anfertigung einer praktischen Arbeit sehr lange dauern und viele Nerven kosten. Was nicht vergessen werden darf: Auch das Auftreten und Bewältigen von Problemen sowie Suchen alternativer Lösungen ist Forschung, die in einer wissenschaftlichen Arbeit beschrieben sein sollte. Wenn du immer auf das perfekte Ergebnis wartest, wird es schwierig, deine Arbeit fertigzustellen.

Außerdem habe ich bei der Erstellung der Arbeit gelernt, dass es von großem Nutzen ist, die unterschiedlichen Aufgaben geschickt aufzuteilen, wenn die Arbeit in einem Team angefertigt wird. Jeder hat andere Talente. Manche sind handwerklich begabt, wohingegen andere sehr gut wissenschaftlich schreiben können. Diese Unterschiede gilt es bei der Erstellung einer wissenschaftlichen Arbeit im Team zu nutzen, um so effizient wie möglich zu herausragenden Ergebnissen zu kommen.

Meine zweite Arbeit, die Bachelorarbeit, war rein theoretisch. Thematisch ging es um die Entwicklung eines Konzeptes zur kostenoptimierten

Herstellung medizintechnischer Bauteile. Ich hatte mich vorher noch nie mit der Konzepterstellung oder der Entwicklung von Methodiken beschäftigt, sodass die Arbeit Neuland für mich war. Glücklicherweise hatte ich einen sehr guten Betreuer, der mir getreu dem Motto „Fordern und Fördern" extrem viel beigebracht hat. Während der Erstellung der Arbeit haben wir uns so gut verstanden, dass sogar eine Freundschaft daraus entstanden ist.

Was ich bei der Erstellung der Bachelorarbeit gelernt habe ist, dass die ersten Lösungen, die man entwickelt, so sinnvoll sie anfangs auch erscheinen mögen, meist doch nicht die Richtigen sind. Gerade bei der Entwicklung von Methodiken erscheinen Lösungen so lange richtig, bis man versucht sie anhand eines Fallbeispiels zu validieren. Erst dann fällt auf, dass die entwickelte Lösung nicht allgemeingültig ist, Anwendungsfälle teilweise nicht berücksichtigt wurden oder die Lösung auf falschen Annahmen basiert. Die Erstellung der Arbeit hat mir dabei geholfen, Systeme ganzheitlicher zu betrachten und meine Lösungen für Probleme häufiger anhand verschiedener Szenarien zu überprüfen. Ebenfalls habe ich gelernt, wie enorm vorteilhaft ein gutes Verhältnis zwischen Betreuer und Abschlussarbeiter sein kann. Beide profitieren fachlich von einem guten Verhältnis und die Erstellung und Betreuung der Arbeit ist mit mehr Freude verbunden.

Meine Masterarbeit war eine Mischung aus Theorie und Praxis. Es ging um die Untersuchung der Ökoeffizienz von Zerspanwerkzeugen, die sowohl theoretisch untersucht als auch mit Experimenten validiert wurde. Bei den praktischen Versuchen kam zu tragen, was ich bereit zuvor erwähnt hatte. Die Maschine hatte einen Defekt und konnte die geplanten Versuche nicht so durchführen wie gewollt. Dadurch verschob sich mein Zeitplan und ich musste die Zeit im theoretischen Teil wieder aufholen. Das war allerdings nur möglich, weil ich in enger Absprache mit meinem Betreuer gearbeitet habe, die Probleme und Erkenntnisse wöchentlich mit ihm besprochen habe und wir dann gemeinsam den Fahrplan für die nächste Zeit festlegten.

Ich versuchte das Gelernte aus Projekt- und Bachelorarbeit anzuwenden, wodurch mir die Erstellung der Masterarbeit, besonders das wissenschaftliche Schreiben, leichter gefallen ist als bei den Arbeiten zuvor. Ich konnte mich auf den Inhalt konzentrieren und habe nicht viel Zeit bei der Verfassung von Texten oder Erstellung von Abbildungen verloren.

Während meiner Masterarbeit ist mir besonders aufgefallen, wie vorteilhaft es ist, die Arbeit nicht zu Hause zu verfassen, sondern im Institut, wo auch andere Abschlussarbeiter arbeiten. Dadurch entsteht eine besondere Atmosphäre und Fragen lassen sich extrem schnell klären. Besonders im Bezug auf die Formatierung der Arbeit war es sehr hilfreich, mit Anderen zusammenzuarbeiten, die auftretende Probleme teilweise bereits gelöst hatten und mir so durch einen kleinen Tipp weiterhelfen und viel Zeit sparen konnten.

Da ich mittlerweile auf der anderen Seite des Schreibtisches sitze und es als wissenschaftlicher Mitarbeiter zu meinen Aufgaben gehört, Abschlussarbeiten zu betreuen, ist es mir möglich auch aus der Perspektive des Betreuers zu berichten. Die drei häufigsten Fehler, die ich beobachte und damit auch drei wichtige Punkte, die du beachten solltest sind:

- Anfangs wird zu wenig und zu unregelmäßig gearbeitet. Eine Abschlussarbeit ist ein Vollzeitjob und sollte auch so gehandhabt werden. Das führt dazu, dass gegen Ende der Arbeit Zeit fehlt und Druck entsteht, was schließlich zu schlechten Inhalten und auch schlechten Noten führt. Achte darauf, direkt von Beginn an diszipliniert zu arbeiten.
- Zu wenig Absprache mit dem Betreuer. Zu wenig Absprache zu halten ist ebenfalls ein klassischer Fehler. Dadurch verrennst du dich schnell und gibst deinem Betreuer nicht die Chance dich frühzeitig wieder auf den richtigen Weg zu bringen. Nur mit viel Absprache kann eine Arbeit entstehen, die sowohl deinen als auch den Ansprüchen deines Betreuers gerecht wird.
- Zu wenig auf Kommentare eingehen. Ich erlebe häufig, dass Studierende Teile ihrer Arbeit zur Korrektur an ihren Betreuer geben, dieser die abgegebenen Seiten korrigiert, viele Kommentare des Betreuers von den Studierenden aber nicht

eingearbeitet werden. Das ist ein fataler Fehler, den es unbedingt zu vermeiden gilt. Bei der zweiten Abgabe wird der Betreuer den nicht korrigierten Fehler nicht erneut anstreichen, sondern direkt in die Note mit einfließen lassen.

# Umsetzung

An dieser Stelle gibt es keine konkreten Umsetzungstipps, da es äußerst unwahrscheinlich ist, dass du dich momentan in genau der Phase deines Studiums befindest, in der du diese Umsetzungstipps anwenden kannst. Daher fasse ich die wichtigsten Inhalte dieses Kapitels stichpunktartig zusammen, sodass du auf dieses Umsetzungskapitel zurückkommen kannst, wenn du dich in der passenden Situation befindest.

- Wenn du nach einem Thema für eine Abschlussarbeit suchst, solltest du dich auf ein grobes Themengebiet festlegen und überlegen, ob du eine praktische, theoretische oder simulative Arbeit schreiben möchtest. Versteif dich anfangs nicht direkt zu stark bei der Themenwahl. Interesse entsteht häufig, wenn man tiefer in ein Themengebiet eintaucht.
- Achte darauf, dass du mit deinem Betreuer gut zurechtkommst, dieser ein klares Ziel vor Augen hat und du mit seinem Betreuungsstil gut arbeiten kannst.
- Besorg dir gute alte Abschlussarbeiten, um dich an diesen zu orientieren.
- Halte viel Absprache mit deinem Betreuer, damit die Ergebnisse der Arbeit für beide Seiten zufriedenstellend sind und du dich bei der Erstellung der Arbeit nicht verrennst.
- Wenn du einen Arbeitsplatz zur Verfügung gestellt bekommst und dadurch in Kontakt zu anderen Abschlussarbeitern treten kannst, nutze diesen und profitiere von der Erfahrung der anderen.

# DER ALGORITHMUS FÜR ÜBERFLIEGER

Nachdem wir die Grundlagen für ein erfolgreiches Studium innerhalb der Algorithmen für gute Organisation sowie Effektivität und Effizienz besprochen haben und in den Algorithmen für Vorlesungen, Klausuren und wissenschaftliche Arbeiten darauf eingegangen sind, welche Handlungsmuster zu exzellenten Noten führen, gilt es im letzten Algorithmus den Kreis zu schließen und die letzten wichtigen Aspekte für ein erfolgreiches Studium aufzuzeigen. Der Algorithmus für Überflieger hat nichts mit Noten zu tun. Es geht um den Feinschliff, der ebenso wichtig ist wie gute Noten. Es geht um außeruniversitäres Engagement. Außeruniversitäres Engagement bedeutet nicht, dass du auf dem Campus Müll sammeln musst, sondern neben deinem Studium Aktivitäten auszuüben, die dich zusätzlich für die Arbeitswelt qualifizieren. Es geht um den Erwerb von Zusatzqualifikationen, die, neben herausragenden Noten, der entscheidende Faktor sind, um dir nach dem Studium alle nur möglichen Türen zu öffnen.

Innerhalb des Algorithmus für Überflieger wird beschrieben, warum Zusatzqualifikationen so wichtig sind, welche Arten von Zusatzqualifikationen es gibt und wo du nach diesen suchen kannst. Im Praxisteil berichte ich über die Zusatzqualifikationen, die ich mir während meines Studiums angeeignet habe, wohingegen im Umsetzungskapitel wie gewohnt konkrete Handlungsempfehlungen aufgezeigt werden.

# Theorie

Gute Noten sind nicht alles, was für ein erfolgreiches Studium nötig ist. Sie sind quasi nur die eine Hälfte der Medaille. Die andere Hälfte ist außeruniversitäres Engagement bzw. Zusatzqualifikationen. Zusatzqualifikationen sind z. B. Praktika, Nebenjobs oder Zertifikate, die du neben deinem Studium erlangt hast. Noten zeigen Personalern wie gut du denken kannst, Konzepte entwickeln und Systeme verstehen kannst. Zusatzqualifikationen zeigen hingegen, wie gut du praktisch arbeiten kannst und ob du nicht nur die reine Theorie beherrschst, sondern diese auch anwenden kannst. Sie zeigen außerdem, dass du über den Tellerrand hinausschaust und von deinem Studium mehr erwartest, als nur das theoretische Wissen zu erlangen. Sie zeigen, dass du motiviert bist und nicht nur so hoch springst, wie du musst, sondern aus eigenem Antrieb so hoch springst, wie du kannst. Außeruniversitäres Engagement ist ebenfalls ein Beweis für deine Belastbarkeit. Wer neben einem Ingenieurstudium noch arbeiten kann und sich über Zertifikatskurse weitergebildet hat, beweist dadurch, dass er belastbarer ist, als andere Studierende, die neben dem Studium nichts dergleichen tun.

Das reine Curriculum der Universität zu durchlaufen reicht bei Weitem nicht mehr aus, um ein Studium wirklich erfolgreich zu absolvieren, sodass einem nach dem Abschluss alle wichtigen Türen offenstehen. Dafür gibt es zu viele Studierende in den Ingenieurbereichen, die mit herausragenden Noten graduieren. Zusatzqualifikationen sind jedoch nicht als Zwang anzusehen, sondern als Riesenchance, sich dadurch von der breiten Masse abzuheben. Um an die wirklich interessanten und gut bezahlten Jobs zu kommen, brauchst du Zusatzqualifikationen. Du brauchst Kontakte, teilweise etwas Vorwissen und du brauchst Punkte in deinem Lebenslauf, die Personalern ins Auge stechen.

Eine mögliche Zusatzqualifikation sind Nebenjobs, beispielsweise an Forschungsinstituten der Universität, als Werkstudent in Unternehmen oder selbstständige Tätigkeiten. Weiter gibt es noch die Möglichkeit, sich in

Vereinen zu engagieren, Zertifikatskurse zu belegen oder dir selber interessante Fähigkeiten beizubringen. Für das Selbststudium gibt es mittlerweile eine Vielzahl an Online-Plattformen, auf denen Kurse zu interessanten und für Ingenieure relevanten Themen angeboten werden. Im Folgenden wird auf unterschiedlichen Möglichkeiten zur Erlangung von außeruniversitärem Engagement eingegangen.

Nebenjobs sind die wahrscheinlich offensichtlichste und am häufigsten vorkommende Art der Zusatzqualifikation, die man neben dem Studium erwerben kann. Das mag nicht zuletzt daran liegen, dass Studierende in der Regel wenig Geld zur Verfügung haben und sich so etwas dazuverdienen. Hier gilt es aber streng zu beachten, dass Kellnern oder Flyer verteilen keine Nebenjobs sind, die als Zusatzqualifikation gewertet werden. Besonders im Ingenieurwesen gibt es sehr gute Möglichkeiten das Geldverdienen mit einem Nebenjob zu verknüpfen, der für deine zukünftige Karriere relevant ist, weshalb ich allen Ingenieurstudierenden dringend davon abrate, ihre Zeit mit Nebenjobs zu verbringen, die keinen Bezug zum Ingenieurwesen haben. Anstatt Zeitschriften zu verteilen oder als Kurier zu arbeiten, solltest du dir einen Nebenjob suchen, bei dem du zusätzlich zu deinem theoretischen Wissen praktische Erfahrungen sammeln kannst. Das geht beispielsweise als studentische Hilfskraft an einem Institut der Universität oder als Werkstudent bei einer Firma. So ein Nebenjob hat jedoch nicht nur den Vorteil, dass du beim Geld verdienen zusätzlich Berufserfahrung sammelst, sondern du auch wichtige Kontakte knüpfen kannst, bzw. ein Netzwerk aufbaust. Während der Arbeit lernst du verschiedene Leute kennen, die dir Türen öffnen können, die es sonst niemals gegeben hätte. Bei mir war es beispielsweise so, dass ich durch meine Arbeit als studentische Hilfskraft an ein Praktikum gekommen bin, was nie offiziell ausgeschrieben wurde und ohne diese Kontakte unmöglich zu bekommen gewesen wäre.

Praktika sind eine andere Möglichkeit, dich als Überflieger von der Masse abzuheben. Bei der Wahl deiner Praktika kannst du zeigen, dass du mehr anstrebst, als einen mittelmäßig bezahlten Standardjob in einer unbekannten Firma, in einer unattraktiven Stadt. Wo du deine Praktika absolvierst, vermittelt Personalern einen Eindruck davon, was für ein Typ Ingenieur du bist und was für eine Karriere du anstrebst. Machst du dein Praktikum beispielsweise bei einer unbekannten Firma in deinem Heimatdorf und ziehst dafür wieder bei deinen Eltern ein, vermittelt dass einen ganz anderen Eindruck, als wenn du dein Praktikum nutzt, um für eine internationale Top-Firma zu arbeiten und eventuell sogar Auslandserfahrung sammelst. Auch während des Praktikums ist es wichtig, sich ein Netzwerk aufzubauen. Optimalerweise lieferst du eine so überzeugende Arbeit ab, dass du gegen Ende deines Praktikums eine Verlängerung oder einen festen Job angeboten bekommst. Unterschätze nicht, wie wichtig die Wahl deiner Praktika ist. Du wirst durch absolvierte Praktika niemals negativ auffallen, aber der Grund, warum du dieses Buch gekauft hast, ist nicht, dass du nicht negativ auffallen willst, sondern weil du nach deinem Studium positiv herausstechen möchtest. Dafür ist es hilfreich, dies auch bei der Wahl deiner Praktika zu beachten.

Eine weitere Möglichkeit, sich von der breiten Masse abzusetzen, ist die Mitarbeit in einem Verein. Dieser Verein muss, im Gegensatz zu deinem Nebenjob, nicht zwangsläufig was mit deinem Studium zu tun haben. Durch die Arbeit in einem Verein zeigst du, dass du kein Fachidiot bist und mehr als nur fachliche Qualifikationen hast. Vereinsarbeit kann spannend und inspirierend sein, da sie eine gute Abwechslung zum Studium bietet. Hier werden keine theoretischen Konzepte gelernt, sondern Dinge konkret umgesetzt. Weiter zeigst du durch die Mitarbeit in einem Verein, dass deine Belastungsgrenze durch das reine Studium nicht erreicht ist und dein Zeitmanagement so gut ist, dass du neben dem Studium noch in einem Verein arbeiten kannst. Auch beim Aufbau eines Netzwerks ist Vereinsarbeit extrem hilfreich. Du lernst viele neue Leute kennen, die teilweise aus anderen Disziplinen kommen. Außerdem sind Menschen, die sich freiwillig in Vereinen beteiligen, meist proaktiv und wollen etwas bewegen. Sich mit solchen Menschen zu umgeben kann sehr motivierend sein. Besonders an Universitäten ist die Vereinsdichte extrem hoch, weshalb es mit Sicherheit auch an deiner Universität Vereine gibt, die sich in einem Themengebiet bewegen, dass dir zusagt.

Zertifikate sind eine weitere Option, um dich von der Masse abzugrenzen. Es gibt eine Menge an Fähigkeiten, die für Ingenieure relevant sind, in denen Zertifikate erworben werden können. Natürlich ist die tatsächliche Fähigkeit wichtig und nicht das Zertifikat, aber es stellt einen schriftlichen Beweis für deine Fähigkeit dar, der bei Personalern gern gesehen ist. Es macht allerdings keinen Sinn, an Zertifikatskursen für jede Kleinigkeit teilzunehmen und deiner Bewerbung 10 verschiedene Zertifikate anzuhängen. Hast du beispielsweise ein Zertifikat für den Umgang mit dem Literaturverwaltungsprogramm Citavi, würde ich dieses nicht unbedingt mitschicken, wenn du dich auf eine Stelle als Konstrukteur bewirbst. Im Studium hat man häufig den Vorteil, vergünstigt an Zertifikatskursen teilnehmen zu können oder diese werden sogar kostenlos von der Universität angeboten. Diese Chance gilt es dringend zu nutzen. Weiter gibt es eine Vielzahl an online Plattformen die E-Learning Kurse anbieten, nach dessen Abschluss ebenfalls ein Zertifikat ausgestellt wird.

Wenn du neben dem Studium etwas Neues lernen willst, musst du dies allerdings nicht zwingend über Zertifikatskurse machen. Du kannst dich auch ohne Zertifikate weiterbilden und grenzt dich dadurch von der Masse ab. Du kannst beispielsweise Programmieren lernen oder dich in Software einarbeiten, die im Ingenieurbereich genutzt werden. So ein Selbststudium kostet viel Disziplin und zeigt, dass du mehr leisten kannst, als das Standardprogramm der Universität von dir fordert. Besonders im Softwarebereich ist es für Ingenieure hochinteressant sich Fähigkeiten anzueignen, da die Verbindung des Ingenieurwesens mit der Informatik immer wichtiger wird. Ingenieure, die programmieren können oder sich mit Software wie Matlab oder labVIEW auskennen, werden dringend gesucht.

Natürlich ist es anstrengend und macht nicht immer Spaß neben dem Studium noch zu arbeiten, sich in einem Verein zu engagieren oder sich im Selbststudium abends etwas beizubringen, aber es ist ein langfristiges Investment in dich selbst, das sich definitiv rentieren wird. Häufig kommt die Belohnung schon im Studium. Ein Beispiel dafür ist im Praxisteil beschrieben.

Da du dieses Buch gekauft hast und bis hierhin gelesen hast, gehe ich davon aus, dass dir ein mittelmäßiger Abschluss nicht reicht und du von deiner beruflichen Zukunft mehr erwartest als einen 9 to 5 Job, bei dem du ab Mitte des Monats regelmäßig deinen Kontostand checken musst. Du hast dir mit dem Ingenieurwesen ein schwieriges Studium ausgesucht und das soll sich auch lohnen. Dafür reicht es allerdings nicht, das reine Curriculum der Hochschule zu verfolgen. Du musst mehr tun als nur Univeranstaltungen zu besuchen und Klausuren zu schreiben, um nach dem Studium deinen Traumjob auszuüben. Geh nicht den Weg des geringsten Widerstands und leg während des Studiums das Fundament für eine Karriere als Überflieger.

# Praxis

Im Praxiskapitel des Algorithmus für Überflieger wird beschrieben, was ich neben dem Studium gemacht habe, um dir einen besseren und praxisnahen Eindruck davon zu vermitteln, was alles möglich ist. Zusätzlich wird darauf eingegangen, was mir die einzelnen Aktivitäten tatsächlich langfristig, aber auch kurzfristig, gebracht haben.

Das Erste, was ich neben dem Studium begonnen hatte, war ein Job als studentische Hilfskraft an einem Forschungsinstitut der Universität. Dort habe ich mir mit 10 Stunden die Woche etwas Geld dazuverdient und konnte erste praktische Erfahrungen sammeln. Ich habe dort im Bereich Zerspanung gearbeitet, was mich vorerst thematisch nicht wirklich interessierte, jedoch immer spannender wurde, je mehr ich in das Themengebiet eingetaucht bin. Ich habe jedoch nicht nur Geld und Erfahrungen aus diesem Job mitgenommen, sondern bin über die Kontakte, die ich im Institut geknüpft hatte, auch an ein extrem gutes Praktikum gekommen, was ohne die entsprechenden Kontakte niemals möglich gewesen wäre. Für die Leistung, die ich während meiner Arbeit am Institut gezeigt habe, wurde ich also mit einer Praktikumsstelle belohnt. Die guten Kontakte am Institut haben es mir ermöglicht 6 Monate nach Kanada zu reisen und dort ein Praktikum bei einem Triebwerkshersteller zu absolvieren. Das Praktikum war allerdings mehr wie ein richtiger Job, denn ich wurde so gut bezahlt, dass ich mir den kompletten Aufenthalt finanzieren konnte, ohne während meiner Zeit in Kanada spartanisch leben zu müssen. Die praktische Erfahrung, das Geld und das Praktikum waren allerdings nur die kurzfristigen Vorteile, die ich aus meinem Job als studentische Hilfskraft gezogen habe. Nach meiner Rückkehr aus Kanada habe ich innerhalb des Instituts die Abteilung gewechselt und nach meinem Masterabschluss angefangen dort zu promovieren. Diese Promotionsstelle hätte ich ebenfalls nicht bekommen, wenn ich nicht schon lange zuvor innerhalb des Institutes gearbeitet hätte und mich dort voll ins Zeug gelegt hätte, um immer mein Bestes zu geben. Diese ganzen Vorteile sind aus der kleinen Entscheidung entstanden, mir für 10 Stunden die Woche neben dem Studium etwas dazuzuverdienen. All das wäre nicht möglich gewesen, wenn ich gekellnert hätte oder einen anderen Nebenjob angenommen hätte, der nichts mit den Inhalten meines Studiums zu tun gehabt hätte.

Eine weitere Aktivität neben dem Studium war der Besuch eines Bewerbertrainings, das kostenlos für Studierende organisiert wurde, um diesen zu zeigen, was eine gute Bewerbung ausmacht. Ich kann dir nur dringend empfehlen, ein solches Seminar zu belegen oder dir zumindest ein paar Stunden Zeit zu nehmen, um zu recherchieren, was eine gute Bewerbung ausmacht, bevor du dich irgendwo bewirbst. Es ist unglaublich, wie viele gut ausgebildete, intelligente und motivierte Menschen Jobs nicht bekommen, weil ihre Bewerbung katastrophal ist. Ich selber merke dies immer wieder, wenn sich Studierende bei mir um eine Stelle als studentische Hilfskraft oder für eine Abschlussarbeit bewerben. Es ist nicht zu viel verlangt, bevor man eine Bewerbung verfasst, bei Google zu suchen, was bei einer Bewerbung zu beachten ist. Ich bin kein Personaler und kann dir daher keine konkreten Tipps geben, wie du deine Bewerbung zu gestalten hast, aber ich lege dir ans Herz, dich mit dem Verfassen von Bewerbungen zu beschäftigen, bevor du diese abschickst.

Ein weiteres Training bzw. Seminar, das ich während meiner Zeit als Student besucht habe, war ein Rhetorikseminar. In dem Seminar ging es um Vortragstechnik und was einen guten Vortrag ausmacht. Wir mussten beispielsweise spontan einen dreiminütigen Vortrag halten und wurden dabei gefilmt, um anschließend unseren Vortragsstil zu analysieren. Bei dem Seminar habe ich einiges gelernt, was ich bei darauffolgenden Präsentationen direkt umsetzen konnte. Du musst kein geborener Redner sein, aber die Grundsätze guter Vortragstechnik zu beherrschen ist essenziell. Egal wie interessant und bahnbrechend die Inhalte eines Vortrags sind, wenn dieser langweilig und schlecht präsentiert ist, wirft dies einen enormen Schatten auf den Inhalt. Seminare zu Vortragstechnik gibt es nahezu an jeder Universität und auch öffentlich zugänglich in den meisten größeren Städten. Wenn dich Vortragstechnik interessiert, kannst du auch mal im Internet nach „Toastmasters“ suchen. „Toastmasters“ ist ein Verein, der sich mit dem Thema Vortragstechnik befasst und Mitgliedern regelmäßig die Möglichkeit bietet Vorträge zu halten und für diese Feedback zu bekommen.

Neben diesen Trainings war es mir möglich an zwei Zertifikatskursen teilzunehmen. Der erste Kurs war im Bereich Projektmanagement und endete mit einer schriftlichen Prüfung. Nach bestandener Prüfung wurde uns ein Zertifikat ausgestellt, das belegt, dass wir Grundkenntnisse im Projektmanagement besitzen. Der zweite Kurs ging über Qualitätsmanagement und besonders Six Sigma. Auch nach Beendigung dieses Kurses erhielten wir ein Zertifikat, dass unsere Fähigkeiten mit gewissen Qualitätsmanagementmethoden umzugehen bezeugt. Meiner Meinung nach sind Projekt- und Qualitätsmanagement besonders im Ingenieurwesen von großer Bedeutung, da jeder Ingenieur zwangsläufig auch im Projekt- und Qualitätsmanagement tätig ist oder zumindest mit diesen Bereichen innerhalb eines Unternehmens konfrontiert wird.

Die letzte Zusatzqualifikation, auf die ich innerhalb dieses Kapitels eingehen will, ist die Mitarbeit in einem studentischen Verein. Während des Studiums ist bei mir das Interesse am Unternehmertum gestiegen, weshalb ich nach Vereinen gesucht habe, die sich mit diesem Themengebiet befassen. Glücklicherweise habe ich einen Verein gefunden, der es sich zur Aufgabe gemacht hatte, die Gründerszene in Aachen zu fördern. Diesem Verein bin ich beigetreten und habe seitdem viele Veranstaltungen organisiert, verrückte und interessante Ideen gesehen sowie eine Menge Kontakte geknüpft. Die Vereinsarbeit hatte nicht direkt was mit den Inhalten meines Studiums zu tun, hat mir aber trotzdem enorm geholfen, Fähigkeiten zu erlangen, die mir im Studium nicht beigebracht wurden. Dazu gehört beispielsweise das Organisieren von Events oder durchdenken von Geschäftsideen. Als ich mich auf meine aktuelle Stelle als wissenschaftlicher Mitarbeiter beworben habe, wurde ich im Bewerbungsgespräch konkret auf meine Vereinsarbeit angesprochen, weil diese in meiner Bewerbung positiv aufgefallen ist. Vereinsarbeit ist also nicht nur hilfreich, um neben dem Studium Fähigkeiten zu erlernen und Menschen zu treffen, sondern hilft dir auch bei Bewerbungen aus der Masse herauszustechen.

# Umsetzung

Wie du gelesen hast, gibt es eine Menge verschiedener Möglichkeiten außeruniversitäres Engagement zu zeigen und sich Zusatzqualifikationen anzueignen. Natürlich kannst du nicht alle davon auf einmal umsetzen, aber wenn du Schritt für Schritt vorgehst und die vorgestellten Möglichkeiten nutzt, bin ich mir sicher, dass du zu einem echten Überflieger wirst. Such dir einen der folgenden Umsetzungstipps aus und fang einfach an.

- Such an Instituten deiner Universität oder bei Firmen in der Nähe nach einem Job als studentische Hilfskraft. Ein Ingenieurstudium ist hart, aber 10 Stunden die Woche wirst du entbehren können.
- Schau dich an deiner Universität nach Zusatzqualifikationen und Zertifikatskursen um. Wenn das Angebot groß ist, solltest du dir eine Liste machen, die du bis zum Ende deines Studiums abarbeitest.
- Such an deiner Universität oder in deiner Stadt nach Vereinen, die dich thematisch interessieren und geh probeweise zu ein paar Treffen.
- Da du am Ende dieses Buches angelangt bist, habe ich noch einen letzten Umsetzungstipp für dich. Such dir ein neues Buch, das dich in irgendeiner Weise weiterbringt. Mach es zur Gewohnheit Bücher zu lesen. Es gibt kaum eine Gewohnheit, von der man langfristig so profitieren kann.

# SCHLUSSWORT

Jetzt liegt es an dir, das Gelesene umzusetzen. Das reine Lesen dieses Buches wird dir nicht dabei helfen dein Studium erfolgreich abzuschließen. Du musst die Inhalte der Algorithmen wirklich umsetzen. Falls du dies nicht am Ende jedes Kapitels getan hast, empfehle ich dir jetzt noch mal zu den Umsetzungskapiteln zurückzuspringen und dir die Umsetzungen auszusuchen, die am besten in deine aktuelle Situation passen.

Ich hoffe, ich konnte dir mit diesem Buch helfen, einen Weg einzuschlagen, der dich zu einem erfolgreichen Studienabschluss führen wird, was auch immer das Wort erfolgreich in diesem Zusammenhang für dich heißen mag. Ich wünsche mir, dass es dir durch dein Studium ermöglicht wird, einen Job zu ergreifen, der dich glücklich macht.

Wenn dich weiterführend zum Studium interessiert, wie man als Ingenieur oder Ingenieurin eine richtig steile Karriere hinlegt, kann ich dir den RocketEngineers Podcast sehr empfehlen. In dem Podcast werden erfahrene Ingenieure in Führungspositionen bezüglich ihrer Gewohnheiten, Tipps und Hacks für eine erfolgreiche Karriere interviewt. Such dafür einfach bei Spotify, iTunes oder einer andere Podcast App nach „RocketEngineers".

Wenn du Fragen oder Anmerkungen hast, kannst du mir eine Email über *www.lennard-w-hermann.de* schreiben. Falls dir das Buch gefallen hat, würde ich mich über eine Bewertung auf Amazon sehr freuen. Eine Bewertung zu verfassen dauert weniger als zwei Minuten und ist wichtig, um Indie-Autoren wie mich, die keinen großen Verlag hinter sich haben, zu unterstützen. In der Ebook-Version musst du dazu einfach auf die Sterne tippen. Für das Taschenbuch kannst du auf Amazon.de unter „Meine Bestellungen" eine Bewertung abgeben.

Ich wünsche dir ein erfolgreiches Studium

Lennard

Printed in Great Britain
by Amazon

46836101R00066